中等职业教育化学工艺专业系列教材

化工生产单元操作工作页

第二版

（活页式）

尹德胜　主编

李　静　主审

化学工业出版社

·北京·

内容简介

本书为《化工生产单元操作》(第三版)的配套学生学习工作页。

全书包括流体输送机械和典型的过滤装置、换热器、蒸发装置、吸收装置、膨胀式制冷设备、连续精馏装置、萃取装置、干燥装置共9个项目，每个项目下设1～3个子项目，子项目又由若干个任务组成，以真实的生产任务为引领，使学生通过实施任务，探索过程原理、设备结构、操作规范等，实现"做中学"和"学中做"。

本书可作为中等职业教育化学工艺专业及相关专业的教材，也可作为中高职一体化教材和化工类中级工、高级工的培训教材，对从事化工生产操作的企业人员也具有一定参考价值。

图书在版编目（CIP）数据

化工生产单元操作工作页/尹德胜主编．—2版．—北京：化学工业出版社，2024.5

ISBN 978-7-122-45195-8

Ⅰ．①化… Ⅱ．①尹… Ⅲ．①化工单元操作-中等专业学校-教学参考资料 Ⅳ．①TQ02

中国国家版本馆CIP数据核字(2024)第049322号

责任编辑：提　岩　旷英姿　　　文字编辑：崔婷婷
责任校对：王　静　　　　　　　装帧设计：王晓宇

出版发行：化学工业出版社
　　　　　（北京市东城区青年湖南街13号　邮政编码100011）
印　　装：中煤（北京）印务有限公司
787mm×1092mm　1/16　印张16¾　字数264千字
2024年8月北京第2版第1次印刷

购书咨询：010-64518888　　　　售后服务：010-64518899
网　　址：http://www.cip.com.cn
凡购买本书，如有缺损质量问题，本社销售中心负责调换。

定　　价：39.80元　　　　　　　　　　　　版权所有　违者必究

第二版前言

本书采用项目化教学方式编写，学习者可配合《化工生产单元操作》（第三版）使用，在学习过程中实现"做中学、学中做"。

本书内容注重与生产实际的紧密联系，使学生能适应一线技能型人才的需求；重视对学生操作能力的培养，注重应知、应会内容的学习与提高；融合先进的化工生产总控技术，力求贴近生产，使学生能更好地学以致用，强调培养化工生产参与者的职业素养。

书中的工作任务以生产实际为蓝本，将化工生产技术最基本的操作规范（操作规程）作为主线，融入安全生产、生产组织与管理的要素以及化工行业的新技术、新设备、新工艺等，贴近生产，更符合职业院校学生的需求。

本书强化了学科体系、知识体系的完整性，补充完善了一体化教材的知识及学科理论零碎化的不足，不仅是学习者学习过程、操作过程的指南，还是教师的教学助手。

本书采用的典型工作任务中的装置，基本是原理性的通用装置，这样既有广泛的指导作用，又便于不同教学设备的学校进行教学。

书中的工作任务采用任务描述、能力目标、任务准备、任务分析与实施、任务评价与总结等环节，引领学习者达到目标明确、过程清晰、重点突出的学习效果，巩固与加深学习者的知识与技能。

本书由广东轻工职业技术学院尹德胜担任主编。项目1由广东轻工职业技术学院尹德胜、储则中编写；项目2由沈阳市化工学校邵博编写；项目3、项目6由尹德胜编写；项目4、项目8由重庆市工业学校廖权昌、万美春编写；

项目5由陕西省石油化工学校薛彩霞编写；项目7由沈阳市化工学校孙琳编写；项目9由陕西省石油化工学校文美乐编写。全书由尹德胜统稿，广东轻工职业技术学院李静教授主审。

本书在编写过程中，得到了许多领导和同行的关心和支持，尤其是浙江中控科教仪器设备有限公司给予了很大帮助，在此一并表示衷心的感谢。

由于编者水平所限，书中不足之处在所难免，敬请广大读者批评指正。

编者

2024年1月

目录

项目1　流体输送机械　　001

项目1.1　操作离心泵　　001
　　任务1　认识离心泵　　001
　　任务2　认识化工管路　　007
　　任务3　离心泵单元操作仿真训练　　013
　　任务4　离心泵操作实训　　019

项目1.2　操作往复泵　　027
　　任务1　认识往复泵　　027
　　任务2　往复泵操作实训　　031

项目1.3　认识其他流体输送机械　　039
　　任务　认识其他流体输送机械　　039

综合实训　拆装简单化工管路　　047

项目2　过滤装置　　053

项目2.1　操作板框压滤机　　053
　　任务1　认识板框压滤机　　053

　　　　任务2　板框压滤机操作实训　　　　　　　　　　　　　　　　　059

　　项目2.2　操作转筒真空过滤机　　　　　　　　　　　　　　　　　　065

　　　　任务1　认识转筒真空过滤机　　　　　　　　　　　　　　　　065

　　　　任务2　转筒真空过滤机操作实训　　　　　　　　　　　　　　071

项目3　换热器　　　　　　　　　　　　　　　　　　　　　　　　　077

　　项目3.1　认识换热器　　　　　　　　　　　　　　　　　　　　　　077

　　　　任务1　认识套管式换热器　　　　　　　　　　　　　　　　　077

　　　　任务2　认识列管式换热器　　　　　　　　　　　　　　　　　083

　　　　任务3　认识板式换热器　　　　　　　　　　　　　　　　　　089

　　　　任务4　认识其他形式换热器　　　　　　　　　　　　　　　　095

　　项目3.2　列管式换热器的仿真操作训练　　　　　　　　　　　　　　101

　　　　任务　列管式换热器的仿真操作训练　　　　　　　　　　　　　101

　　项目3.3　列管式换热器的操作与计算　　　　　　　　　　　　　　　107

　　　　任务　学习列管式换热器的操作　　　　　　　　　　　　　　　107

项目4　蒸发装置　　　　　　　　　　　　　　　　　　　　　　　　　115

　　　　任务1　认识蒸发装置及流程　　　　　　　　　　　　　　　　115

　　　　任务2　认识典型的蒸发设备　　　　　　　　　　　　　　　　121

　　　　任务3　蒸发装置的开停车操作　　　　　　　　　　　　　　　127

项目5　吸收装置　　　　　　　　　　　　　　　　　　　　　　　　　133

　　项目5.1　认识填料吸收塔　　　　　　　　　　　　　　　　　　　　133

　　　　任务1　认识吸收过程　　　　　　　　　　　　　　　　　　　133

　　　　任务2　认识各种吸收设备　　　　　　　　　　　　　　　　　137

　　项目5.2　操作连续吸收解吸装置　　　　　　　　　　　　　　　　　141

　　　　任务1　认识吸收解吸装置　　　　　　　　　　　　　　　　　141

　　　　任务2　学习连续吸收解吸装置操作过程　　　　　　　　　　　147

　　　　任务3　学习吸收过程运行状况　　　　　　　　　　　153
　　项目5.3　吸收解吸装置仿真操作训练　　　　　　　　　157
　　　　任务　吸收解吸单元操作仿真训练　　　　　　　　　157

项目6　膨胀式制冷装置　　　　　　　　　　　　　　　161
　　　　任务1　认识膨胀式制冷装置　　　　　　　　　　　161
　　　　任务2　学习膨胀式制冷装置操作过程　　　　　　　167

项目7　连续精馏装置　　　　　　　　　　　　　　　　171
　　项目7.1　认识连续精馏装置　　　　　　　　　　　　171
　　　　任务1　认识蒸馏装置和简单精馏装置　　　　　　　171
　　　　任务2　认识筛板式连续精馏装置　　　　　　　　　177
　　项目7.2　操作连续筛板式精馏装置　　　　　　　　　185
　　　　任务1　学习连续筛板式精馏装置操作过程　　　　　185
　　　　任务2　学习精馏过程运行状况　　　　　　　　　　191
　　项目7.3　连续精馏装置仿真操作训练　　　　　　　　197
　　　　任务　连续精馏装置仿真操作训练　　　　　　　　　197

项目8　萃取装置　　　　　　　　　　　　　　　　　　203
　　　　任务1　认识填料塔萃取装置的工艺流程　　　　　　203
　　　　任务2　认识常用的萃取设备　　　　　　　　　　　209
　　　　任务3　操作填料萃取塔　　　　　　　　　　　　　215

项目9　干燥装置　　　　　　　　　　　　　　　　　　221
　　项目9.1　操作流化床干燥装置　　　　　　　　　　　221
　　　　任务1　认识流化床干燥流程　　　　　　　　　　　221
　　　　任务2　认识流化床干燥设备　　　　　　　　　　　231
　　　　任务3　操作流化床干燥实训装置　　　　　　　　　237

项目9.2　操作喷雾干燥装置　　　　　　　　　　　　　243
　　　　任务1　认识喷雾干燥的工艺流程　　　　　　　　243
　　　　任务2　认识喷雾干燥设备　　　　　　　　　　　249
　　　　任务3　操作喷雾干燥实训装置　　　　　　　　　253

参考文献　　　　　　　　　　　　　　　　　　　　　　259

项目 1
流体输送机械

项目1.1　操作离心泵

任务1　认识离心泵

姓名		班级		建议学时	
所在组		岗位		成绩	

📖 任务描述

一、任务描述

学生在接受老师指定的工作任务后，了解工作场地的环境、设备管理要求，穿戴符合劳保要求，在老师的指导下，掌握离心泵的内部和外部结构及功能，工作完成后按照8S现场管理规范清理场地、归置物品、资料归档，并按照环保规定处置废弃物。

二、具体任务

1.观察离心泵的外观结构，它由哪些部分组成？分别有什么作用？
2.认识离心泵铭牌。
3.观察内部结构，主要包括哪些零部件？分别起到什么作用？

能力目标

1.具备制订工作目标并按计划执行的能力。
2.能与小组成员协作共同完成任务。
3.能正确掌握离心泵的分类及其用途。
4.能正确掌握离心泵的外部构造及功能。
5.能正确掌握离心泵的内部构造及功能。

任务准备

一、任务确认及本任务安全须知

1.根据岗位需要规范穿好工作服,正确佩戴防护口罩、防护手套、安全帽(见图1-1)等。

2.工具(如扳手、螺丝刀)使用前检查规格是否符合要求,切忌蛮力使用。

3.操作电气设备时,注意绝缘防护,避免接触带电部位。

4.离心泵及其内部构件使用完毕后要摆放规整,操作时避免划伤。

5.及时清理现场地面液体,防止滑倒。

6.完成本任务需注意的其他安全事项。

我承诺:我已经知晓本任务及安全须知,将严格遵守并进行操作

承诺人:_____ 时间:_____

(a) 后戴　　　　　(b) 调节后箍达到　　　(c) 拉紧下颚带　　　(d) 正确佩戴
　　　　　　　　　　　合适的舒适度

图1-1　正确佩戴安全帽

二、设备、工具的准备,填写下表

作业单号:　　　　　领料部门:　　　　　　　年　　月　　日

序号	名称	规格	单位	借出时间	借用人签名	归还时间	归还人签名	管理员签名	备注

任务分析与实施

一、任务分析

在认识离心泵前,学员必须了解离心泵的类型及用途,建议按照以下步骤完成相关任务。

1. 查阅相关书籍和资料,了解不同类型的离心泵。
2. 通过查找资料,现场观察离心泵的外观结构,学习离心泵的构成。
3. 通过现场观察老师对离心泵的拆卸,学习离心泵的内部结构。

二、任务实施

1. 通过查阅资料完成下表。

常用离心泵名称	型号	工业用途

2. 观察IS型单级单吸离心泵的外观结构完成下表。

离心泵外部构件名称	作用

3. 观察离心泵铭牌完成下表。

清水离心式水泵

型号 IS50-32-200A   转速 2900 转/分
扬程 38 米   效率 62%
流量 11 米^3/小时 功率 4 千瓦
允许吸上真空高度 7.2 米
出厂编号: 出厂日期 年 月
××水泵厂

型号	
转速	
扬程	
流量	
功率	
厂家	

4. 观察IS型单级单吸离心泵的拆装，完成下列表格

离心泵主要构件名称	作用

任务评价与总结

一、任务过程评价

任务过程评价表

任务名称		认识离心泵		评价		
序号	工作步骤	工作要点及技术要求	配分	评价标准	评价结论（合格、基本合格、不合格，严重错误要具体指出！）	评分
1	准备工作	穿戴劳保用品				
		工具、材料、记录准备				
2	离心泵外观认识（本表配电机）	外形描述				
		认识铭牌所包含的内容				
		认识壳体、泵进出口、泵轴、轴封装置、接线装置、固定基座等				
3	离心泵拆卸并认识部件	拆卸工具、场地选择、准备				
		拆卸电机				
		拆卸泵侧联轴器				
		拆卸泵壳（先拆开放液管堵和悬架体上的放油管堵）				
		拆卸叶轮、轴套				
		分离支架与泵盖拆卸动封				
		拆卸机封				
		拆卸两侧轴承压盖				
		泵轴拆除				
		检查零部件				

续表

任务名称		认识离心泵			评价	
序号	工作步骤	工作要点及技术要求		配分	评价标准	评价结论（合格、基本合格、不合格，严重错误要具体指出！）	评分
4	离心泵装配	检查准备工作					
		顺序与拆卸方向相反					
5	使用工具、量具、器具	使用工具、量具、器具	正确选择、规范安全使用工具、量具、器具				
		维护工具、量具、器具	安全、文明使用各种工具，摆放整齐，用完整理归位				
6	安全及其他	遵守国家法规或企业相关安全规范	安全使用水、电、气，高空作业不伤人、不伤己等安全防范意识、行为				
		记录、处理工作任务数据，描述工作任务	能规范记录、处理工作任务数据，能用语言、文字规范描述工作任务				
		是否在规定时间内完成	按时完成工作任务				
合计							

注：任务过程评价表中，工作要点及技术要求可根据实际教学过程进行调整；配分项中每一小项的具体配分根据该项在任务实施过程中的重要程度、任务目标等的不同，自行配分；评价标准项不设统一标准，根据任务实施过程中的需要，综合考虑各方面因素而形成。

任课老师：　　　　年　月　日

二、自我评估与总结

试结合自身任务完成的情况，通过交流讨论等方式学习全面规范地填写本次任务的工作总结。

_____

_____

三、小组评估与总结

_____

_____

课堂笔记

任务2　认识化工管路

姓名		班级		建议学时	
所在组		岗位		成绩	

任务描述

一、任务描述

学生在接受老师指定的工作任务后,了解工作场地的环境、设备管理要求,穿戴符合劳保要求。在老师的指导下,掌握化工管路的构成。工作完成后按照8S现场管理规范清理场地、归置物品、资料归档,并按照环保规定处置废弃物。

二、具体任务

1.化工管路由哪些部分构成,分别是什么?

2.认识简单与复杂管路。

3.在化工管路中,不同种类泵是如何组合安装的(包括离心泵、往复泵及其他泵)?

能力目标

1.具备制订工作目标并按计划执行的能力。

2.能与小组成员协作共同完成任务。

3.能正确掌握化工管路的组成,会常见管件、阀件及控制仪表的使用。

4.能正确掌握简单管路与复杂管路相关特点。

5.会化工管路中离心泵和往复泵的组合安装。

任务准备

一、任务确认及本任务安全须知

1.根据岗位需要规范穿好工作服,正确佩戴防护口罩、防护手套、安全帽等。

2.工具(如扳手、螺丝刀)使用前检查规格是否符合要求,切忌蛮力使用。

3.操作电气设备时,注意绝缘防护,避免接触带电部位。

4.认识高处管路时要遵守高处作业的要求,操作时避免划伤。

5.及时清理现场地面液体,防止滑倒。

6.完成本任务需注意的其他安全事项。

我承诺:我已经知晓本任务及安全须知,将严格遵守并进行操作

承诺人:＿＿＿＿＿＿＿＿　　时间:＿＿＿＿＿＿＿＿

二、设备、工具的准备,填写下表

作业单号:　　　　领料部门:　　　　　年　　月　　日

序号	名称	规格	单位	借出时间	借用人签名	归还时间	归还人签名	管理员签名	备注

✱ 任务分析与实施

一、任务分析

在学习化工管路前,建议学员按照以下步骤完成相关任务。

1.查阅相关书籍和资料,了解化工管路的构成。

2.通过查找资料,现场观察化工管路,学习化工管路中的管件、阀件及控制仪表。

3.通过现场实操,学习简单和复杂管路。

4.通过泵的实际安装,学习泵在化工管路中是如何组装的。

二、任务实施

1.通过查阅资料完成下表。

常用管件名称	型号	特征及用途

续表

常用阀件名称	型号	特征及用途

常用化工仪表名称	型号	特征及用途

2.通过现场观察化工管路完成下表。

管路类型	结构特点	化工生产中的应用
简单管路		
复杂管路		

3.写出泵在管路中的安装组合步骤。

步骤	主要内容
步骤1	
步骤2	
步骤3	
步骤4	

4.离心泵的安装高度应该如何确定？

5.往复泵安装应该注意哪些问题？

任务评价与总结

一、任务过程评价

任务过程评价表

任务名称			认识化工管路		评价		
序号	工作步骤		工作要点及技术要求	配分	评价标准	评价结论（合格、基本合格、不合格，严重错误要具体指出！）	评分
1	准备工作		穿戴劳保用品				
			工具、材料、记录准备				
2	化工管路的构成	管件	管件的作用				
			管材及其特点：包括钢管、有色金属管和非金属管				
			各种接头				
		阀件	阀件的作用				
			常见阀件：旋塞、球心阀、闸阀、蝶阀等				
		控制仪表	包括温度、压力、流量等仪表在管路中的作用				
3	认识简单与复杂管路	简单管路	单一管路				
			串联管路				
		复杂管路	分支管路				
			并联管路				
4	泵的组合		离心泵在化工管路中的安装组合				
			往复泵在化工管路中的安装组合				
			其他泵的安装与组合				
5	使用工具、量具、器具		使用工具、量具、器具	正确选择、规范安全使用工具、量具、器具			
			维护工具、量具、器具	安全、文明使用各种工具，摆放整齐，用完整理归位			

续表

任务名称		认识化工管路		评价		
序号	工作步骤	工作要点及技术要求	配分	评价标准	评价结论（合格、基本合格、不合格，严重错误要具体指出！）	评分
6	安全及其他	遵守国家法规或企业相关安全规范	安全使用水、电、气，高空作业不伤人、不伤己等安全防范意识、行为			
		是否在规定时间内完成	按时完成工作任务			
合计						

注：任务过程评价表中，工作要点及技术要求可根据实际教学过程进行调整；配分项中每一小项的具体配分根据该项在任务实施过程中的重要程度、任务目标等的不同，自行配分；评价标准项不设统一标准，根据任务实施过程中的需要，综合考虑各方面因素而形成。

任课老师：　　　　年　月　日

二、自我评估与总结

试结合自身任务完成的情况，通过交流讨论等方式学习全面规范地填写本次任务的工作总结。

_____
_____
_____
_____
_____
_____

三、小组评估与总结

_____
_____
_____
_____
_____
_____
_____

课堂笔记

任务3　离心泵单元操作仿真训练

姓名		班级		建议学时	
所在组		岗位		成绩	

📋 任务描述

一、任务描述

学生在接受老师指定的工作任务后，了解工作场地的环境、设备管理要求，穿戴符合劳保要求，在老师的指导下，掌握离心泵的仿真操作，工作完成后按照8S现场管理规范清理场地、归置物品、资料归档，并按照环保规定处置废弃物。

二、具体任务

1. 学习DCS仿真系统和常见DCS专业术语。
2. 学习离心泵开车的仿真操作训练。
3. 学习离心泵停车的仿真操作训练。
4. 学习离心泵各种事故的判断和处理。

能力目标

1. 具备制订工作目标并按计划执行的能力。
2. 能与小组成员协作共同完成任务。
3. 能制定并执行离心泵开停车仿真操作方案；能制定故障应急处理方案。
4. 能正确操作离心泵DCS仿真系统；能正确判断离心泵各种事故并进行应急处理。
5. 具备HSE意识，操作过程及现场符合HSE要求。

🌀 任务准备

一、任务确认及本任务安全须知

1. 根据岗位需要规范穿好工作服，正确佩戴防护口罩、防护手套、安全帽等。
2. 化工仿真教学软件系统是专用软件，禁止改变该软件的固定参数；严禁改变仿真机原有设置；严禁在仿真机上进行与化工仿真无关的操作。

3. 操作电气设备时，注意绝缘防护，避免接触带电部位。
4. 严禁在仿真机上使用任何外来软盘、光盘、移动盘等。
5. 务必保持安静，有问题时，可举手单独与指导教师交流。
6. 完成本任务需注意的其他安全事项。

我承诺：我已经知晓本任务及安全须知，将严格遵守并进行操作

承诺人：_____ 时间：_____

二、设备、工具的准备，填写下表

作业单号： 领料部门： 年 月 日

序号	名称	规格	单位	借出时间	借用人签名	归还时间	归还人签名	管理员签名	备注

✹ 任务分析与实施

一、任务分析

在学习离心泵单元仿真操作之前，学员必须先复习离心泵的相关知识，建议按照以下步骤完成相关任务。

1. 查阅相关书籍和资料，了解DCS操作系统。
2. 通过查找资料和仿真室的学习，掌握DCS操作系统。
3. 通过仿真训练，学习离心泵开车、停车和事故处理的仿真操作。

二、任务实施

1. 通过DCS操作系统的学习完成下表。

图标	名称	作用

2.通过离心泵仿真界面(图1-2)的学习完成下表。

图1-2 离心泵DCS图

设备位号	设备名称	设备用途

阀门位号	阀门名称	阀门位号	阀门名称

3.写出离心泵开车主要的步骤。

步骤	主要内容
步骤 1	
步骤 2	
步骤 3	

4.写出离心泵停车的主要步骤。

步骤	主要内容
步骤 1	
步骤 2	
步骤 3	

5.离心泵仿真操作过程中你发现了哪些事故？是如何及时处理的？

事故	主要内容	处理方法
事故 1		
事故 2		
事故 3		

任务评价与总结

一、任务过程评价

任务过程评价表

任务名称		离心泵单元操作仿真训练		评价		
序号	工作步骤	工作要点及技术要求		配分	评价标准	评价结论（合格、基本合格、不合格，严重错误要具体指出！）	评分
1	准备工作	穿戴劳保用品					
		工具、材料、记录准备					
2	DCS（化工总控）知识准备	认识DCS操作系统					
		学习常见DCS专业术语					
3	DCS操作	离心泵仿真操作训练	开车				
			停车				
			正常运行与维护				
			简单事故处理				
4	使用工具、量具、器具	使用工具、量具、器具，维护工具、量具、器具	正确选择、规范安全使用工具、量具、器具，安全、文明使用各种工具，摆放整齐，用完整理归位				
5	安全及其他	遵守国家法规或企业相关安全规范	安全使用水、电、气，高空作业不伤人、不伤己等安全防范意识、行为				
		是否在规定时间内完成	按时完成工作任务				
合计							

注：任务过程评价表中，工作要点及技术要求可根据实际教学过程进行调整；配分项中每一小项的具体配分根据该项在任务实施过程中的重要程度、任务目标等的不同，自行配分；评价标准项不设统一标准，根据任务实施过程中的需要，综合考虑各方面因素而形成。

任课老师：　　　　　年　月　日

二、自我评估与总结

试结合自身任务完成的情况，通过交流讨论等方式学习全面规范地填写本次任务的工作总结。

三、小组评估与总结

课堂笔记

任务4　离心泵操作实训

姓名		班级		建议学时	
所在组		岗位		成绩	

📧 任务描述

一、任务描述

学生在接受老师指定的工作任务后，了解工作场地的环境、设备管理要求，穿戴符合劳保要求，在老师的指导下，掌握离心泵的操作，工作完成后按照8S现场管理规范清理场地、归置物品、资料归档，并按照环保规定处置废弃物。

二、具体任务

1.学习离心泵输送（装置）系统。
2.学会规范操作离心泵（开车和停车）。
3.学会辨别离心泵常见故障，并进行处理。
4.学习离心泵串联和并联。

能力目标

1.具备制订工作目标并按计划执行的能力。
2.能与小组成员协作共同完成任务。
3.能制定并执行离心泵开停车操作方案；能制定故障应急处理方案。
4.能正确操作离心泵输送（装置）系统；会离心泵串联和并联操作；能正确判断离心泵各种故障并进行应急处理。
5.具备HSE意识，操作过程及现场符合HSE要求。

🎧 任务准备

一、任务确认及本任务安全须知

1.根据岗位需要规范穿好工作服，正确佩戴防护口罩、防护手套、安全帽等。
2.工具（如扳手、螺丝刀）使用前检查规格是否符合要求，切忌蛮力使用。

3. 操作电气设备时，注意绝缘防护，避免接触带电部位。

4. 出现离心泵机械密封系统泄漏、着火、抱轴及轴承烧坏要紧急停车。

5. 及时清理现场地面液体，防止滑倒。

6. 完成本任务需注意的其他安全事项。

我承诺：我已经知晓本任务及安全须知，将严格遵守并进行操作

承诺人：_____ 时间：_____

二、设备、工具的准备，填写下表

作业单号：　　　　领料部门：　　　　　年　　月　　日

序号	名称	规格	单位	借出时间	借用人签名	归还时间	归还人签名	管理员签名	备注

任务分析与实施

一、任务分析

在操作离心泵前，学员必须了解离心泵的特性，建议按照以下步骤完成相关任务。

1. 查阅相关书籍和资料，了解不同类型的离心泵。

2. 通过现场操作，学会离心泵的开车和停车。

3. 通过现场操作，学会辨别离心泵常见故障，并进行处理。

4. 查阅相关书籍资料并结合现场操作，学习离心泵串联和并联。

二、任务实施

1. 观察图1-3，完成下列任务。

图1-3 离心泵操作技能训练装置

(1) 观察图1-3, 完成下表。

编号	名称	作用
1		
2		
3		
4		
5		
6		
7		
8		
9		

(2) 根据图1-3, 画出离心泵操作技能训练装置的简单流程图。

2.写出离心泵开车的主要步骤。

步骤	主要内容	注意事项
步骤1		
步骤2		
步骤3		

3.写出离心泵停车的主要步骤。

步骤	主要内容	注意事项
步骤1		
步骤2		
步骤3		

4.将下列两组离心泵分别进行串联和并联。

离心泵串联	离心泵并联

5.写出离心泵在运行过程中可能会遇到的故障,并写出解决方案。

编号	故障	解决方案
1		
2		
3		

任务评价与总结

一、任务过程评价

任务过程评价表

任务名称			离心泵操作实训	评价			
序号	工作步骤		工作要点及技术要求	配分	评价标准	评价结论（合格、基本合格、不合格，严重错误要具体指出！）	评分
1	准备工作		穿戴劳保用品				
			工具、材料、记录准备				
2	试车	试车前检查	（1）检查离心泵外观是否符合要求，检修记录是否齐全、准确				
			（2）电机试运转：瞬时启动电机，检查转动方向是否正确				
			（3）二次启动电机，检查电流、电压是否符合铭牌上的规定值				
			（4）泵的各运动及静止部件的紧固及防松情况				
			（5）轴封渗漏是否符合要求				
			（6）盘车是否无轻重不均的感觉，填料压盖不歪斜				
			（7）检查各部分出入口的测试仪表是否安置妥当				
		试车	启动：确定是否需要灌泵、按规范打开或关闭相关阀门，至泵启动				
			运行时泵壳是否发热，有无杂音、摆动、剧烈振动或泄漏、外壳温度高等不良情况并及时消除				
		试车结束	停车：按规范要求停车				
3	正常开车	开车前准备	启动前检查：盘车检查、轴承和填料函检查、轴承和填料函检查、仪表检查、外部条件检查、安全防护检查				
		开车	按规范启动离心泵，逐渐调整阀门开度至设定流量或扬程，进入正常运行（流量或扬程稳定）状态				
4	正常运行	记录相关数据	流量				
			离心泵进出口压力				
			轴功率				
			转速				

续表

任务名称		离心泵操作实训	评价			
序号	工作步骤	工作要点及技术要求	配分	评价标准	评价结论（合格、基本合格、不合格，严重错误要具体指出！）	评分
4	正常运行	维持正常运行	当泵正常运转后，检查泵的出口压力、出口流量、电机电流、轴承和密封处的温度、润滑油的油位、泵的振动、噪声以及密封处泄漏情况；（根据工艺需要）关闭最小流量旁路的阀门。做好相关设备运行记录			
5	正常停车	（1）初始状态：泵入口阀全开，泵出口阀开度满足工艺需要，泵在运转				
		（2）停泵： ①先关压力表，再关闭出口阀 ②按电机停车按钮，停电动机，确认泵不反转 ③关闭吸入阀，（如有）关闭冷却水、机械密封冲洗水				
6	异常停车	在泵运行过程中若出现异常泄漏、振动异常、泵内有异常响声、火花、现场电流持续超高、压力不稳定、泵输不出物料等现象时	（1）备用泵应作好一切启动准备工作			
			（2）切断原运转泵的电源，停泵，启动备用泵			
			（3）打开备用泵的排出阀，使出口流量、压力达到规定值			
			（4）关闭原运转泵的排出阀和吸入阀，对事故进行处理			
7	使用工具、量具、器具	使用工具、量具、器具	正确选择、规范安全使用工具、量具、器具			
		维护工具、量具、器具	安全、文明使用各种工具，摆放整齐，用完整理归位			
8	安全及其他	遵守国家法规或企业相关安全规范	安全使用水、电、气，高空作业不伤人、不伤己等安全防范意识、行为			
		是否在规定时间内完成	按时完成工作任务			
合计						

注：任务过程评价表中，工作要点及技术要求可根据实际教学过程进行调整；配分项中每一小项的具体配分根据该项在任务实施过程中的重要程度、任务目标等的不同，自行配分；评价标准项不设统一标准，根据任务实施过程中的需要，综合考虑各方面因素而形成。

任课老师： 年 月 日

二、自我评估与总结

试结合自身任务完成的情况,通过交流讨论等方式学习全面规范地填写本次任务的工作总结。

_____
_____
_____
_____
_____
_____
_____
_____
_____
_____

三、小组评估与总结

_____
_____
_____
_____
_____
_____
_____
_____

课堂笔记

项目1.2 操作往复泵

任务1 认识往复泵

姓名		班级		建议学时	
所在组		岗位		成绩	

📋 任务描述

一、任务描述

学生在接受老师指定的工作任务后,了解工作场地的环境、设备管理要求,穿戴符合劳保要求,在老师的指导下,掌握往复泵的内部和外部结构及功能,工作完成后按照8S现场管理规范清理场地、归置物品、资料归档,并按照环保规定处置废弃物。

二、具体任务

1.观察往复泵的外观结构,它由哪些部分组成?分别有什么作用?

2.认识往复泵铭牌。

3.观察往复泵的内部结构,主要包括哪些零部件?分别起到什么作用?

能力目标

1.具备制订工作目标并按计划执行的能力。

2.能与小组成员协作共同完成任务。

3.能正确掌握往复泵的分类及其用途。

4.能正确掌握往复泵的外部构造及功能。

5.能正确掌握往复泵的内部构造及功能。

🔧 任务准备

一、任务确认及本任务安全须知

1.根据岗位需要规范穿好工作服,正确佩戴防护口罩、防护手套、安全帽等。

2.工具(如扳手、螺丝刀)使用前检查规格是否符合要求,切忌蛮力使用。

3.操作电气设备时，注意绝缘防护，避免接触带电部位。

4.往复泵及其内部构件使用完毕后要摆放规整，操作时避免划伤。

5.及时清理现场地面液体，防止滑倒。

6.完成本任务需注意的其他安全事项。

  我承诺：我已经知晓本任务及安全须知，将严格遵守并进行操作

     承诺人：_____ 时间：_____

二、设备、工具的准备，填写下表

作业单号：   领料部门：   年   月   日

序号	名称	规格	单位	借出时间	借用人签名	归还时间	归还人签名	管理员签名	备注

✱ 任务分析与实施

一、任务分析

在学习往复泵前，学员必须了解往复泵的类型及用途，建议按照以下步骤完成相关任务。

1.查阅相关书籍和资料，了解不同类型的往复泵。

2.通过查找资料，现场观察往复泵的外观结构，学习往复泵的构成。

3.通过现场观察老师拆卸往复泵，学习往复泵的内部结构。

二、任务实施

1.观察往复泵的外观结构，完成下表。

1—电动机；2—泵底座；3—传动部分；
4—动力部分；5—液力部分；6—蓄能器

往复泵外部构件名称	作用

2.观察往复泵的结构图，完成下表。

图中序号	往复泵主要构件名称	作用
1		
2		
3		
4		
5		

任务评价与总结

一、任务过程评价

任务过程评价表

任务名称		认识往复泵		评价		
序号	工作步骤	工作要点及技术要求	配分	评价标准	评价结论（合格、基本合格、不合格，严重错误要具体指出！）	评分
1	准备工作	穿戴劳保用品				
		工具、材料、记录准备				
2	往复泵外观和结构认识	外形描述				
		认识铭牌所包含的内容				
		动力端构成：曲轴、机体、连杆、十字头；液力端：泵头体、活塞（柱塞）、进液阀、排液阀、填料体、阀体				
3	往复泵的工作过程	往复泵的工作原理				
		往复泵主要性能				
		流体压缩与输送				
4	使用工具、量具、器具	使用工具、量具、器具	正确选择、规范安全使用工具、量具、器具			
		维护工具、量具、器具	安全、文明使用各种工具，摆放整齐，用完整理归位			

续表

序号	任务名称	认识往复泵		配分	评价		评分
	工作步骤	工作要点及技术要求			评价标准	评价结论（合格、基本合格、不合格，严重错误要具体指出！）	
5	安全及其他	遵守国家法规或企业相关安全规范	安全使用水、电、气，高空作业不伤人、不伤己等安全防范意识、行为				
		是否在规定时间内完成	按时完成工作任务				
合计							

注：任务过程评价表中，工作要点及技术要求可根据实际教学过程进行调整；配分项中每一小项的具体配分根据该项在任务实施过程中的重要程度、任务目标等的不同，自行配分；评价标准项不设统一标准，根据任务实施过程中的需要，综合考虑各方面因素而形成。

任课老师：　　　　　年　月　日

二、自我评估与总结

试结合自身任务完成的情况，通过交流讨论等方式学习全面规范地填写本次任务的工作总结。

三、小组评估与总结

课堂笔记

任务2　往复泵操作实训

姓名		班级		建议学时	
所在组		岗位		成绩	

📋 任务描述

一、任务描述

学生在接受老师指定的工作任务后，了解工作场地的环境、设备管理要求，穿戴符合劳保要求，在老师的指导下，掌握往复泵的操作，工作完成后按照8S现场管理规范清理场地、归置物品、资料归档，并按照环保规定处置废弃物。

二、具体任务

1.学习往复泵输送（装置）系统。
2.学会规范操作往复泵（开车和停车）。
3.学会辨别往复泵常见故障，并进行处理。

能力目标

1.具备制订工作目标并按计划执行的能力。
2.能与小组成员协作共同完成任务。
3.能制定并执行往复泵开停车操作方案；能制定故障应急处理方案。
4.能正确操作往复泵；能正确判断往复泵各种事故并进行应急处理。
5.具备HSE意识，操作过程及现场符合HSE要求。

🔧 任务准备

一、任务确认及本任务安全须知

1.根据岗位需要规范穿好工作服，正确佩戴防护口罩、防护手套、安全帽等。
2.工具（如扳手、螺丝刀）使用前检查规格是否符合要求，切忌蛮力使用。
3.操作电气设备时，注意绝缘防护，避免接触带电部位。
4.严禁在泵体内没有液体时启动泵；严禁在进、排液管线上的闸阀和旁路阀关闭的情况下启动泵。

5. 及时清理现场地面液体，防止滑倒。

6. 完成本任务需注意的其他安全事项。

我承诺：我已经知晓本任务及安全须知，将严格遵守并进行操作

承诺人：_____ 时间：_____

二、设备、工具的准备，填写下表

作业单号：　　　　领料部门：　　　　　年　　月　　日

序号	名称	规格	单位	借出时间	借用人签名	归还时间	归还人签名	管理员签名	备注

✱ 任务分析与实施

一、任务分析

在操作往复泵前，学员必须了解往复泵的特性，建议按照以下步骤完成相关任务。

1. 查阅相关书籍和资料，了解不同类型的往复泵。

2. 通过现场操作，学会往复泵的开车和停车。

3. 通过现场操作，学会辨别往复泵常见故障，并进行处理。

4. 查阅相关书籍资料并结合现场操作，学习往复泵串联和并联。

二、任务实施

1. 观察图1-4，完成下列任务。

图1-4 往复泵操作技能训练装置

1—压水管路；2—压水空气室；3—压水阀；4—吸水阀；5—吸水空气室；
6—吸水管路；7—柱塞；8—滑块；9—连杆；10—曲柄

观察图1-4，完成下表。

编号	名称	作用
1		
2		
3		
4		
5		

2.写出往复泵开车的主要步骤。

步骤	主要内容	注意事项
步骤1		
步骤2		
步骤3		

3.写出往复泵停车的主要步骤。

步骤	主要内容	注意事项
步骤1		
步骤2		
步骤3		

4.写出往复泵在运行过程中遇到的故障,并提出解决方法。

编号	故障	解决方案
1		
2		
3		

任务评价与总结

一、任务过程评价

任务过程评价表

任务名称		往复泵操作实训			评价	
序号	工作步骤	工作要点及技术要求	配分	评价标准	评价结论(合格、基本合格、不合格,严重错误要具体指出!)	评分
1	准备工作	穿戴劳保用品				
		工具、材料、记录准备				
2	试车	(1)检查往复泵外观是否符合要求,检修记录是否齐全、准确				
		(2)电机试运转:瞬时启动电机,检查转动方向是否正确				
		(3)二次启动电机,检查电流,电压是否符合铭牌上的规定值				
		(4)泵的各运动及静止部件的紧固及防松情况				
		(5)轴封渗漏是否符合要求				
		(6)盘车是否无轻重不均的感觉,填料压盖不歪斜				
		(7)检查机座油池内的油位高度				
		(8)检查各部分出入口的测试仪表是否安置妥当				
		(9)检查皮带的松紧度,必要时进行调整				
		(10)用人力盘动皮带轮,使大皮带轮旋转2转以上,运动机构不得有障碍及异声				

续表

任务名称		往复泵操作实训		评价		
序号	工作步骤	工作要点及技术要求	配分	评价标准	评价结论（合格、基本合格、不合格，严重错误要具体指出！）	评分
2	试车	（11）打开进、排液管线上的闸阀，以及排液管线上的旁路阀和泵体上的放气阀，待放气阀溢出全部是液体时，即刻关闭（拧紧）放气阀				
		（12）启动：确认泵无障碍及一切完好的情况下，接通电动机电源开始启动（特别注意，泵必须在空载下启动）				
		（13）视泵达到额定转速时（空载运行），关闭旁路阀，泵方可转入负载运行，直至额定压力后泵即进入工况运行				
		（14）运行时泵壳是否发热，有无杂音、摆动、剧烈振动或泄漏、外壳温度高等不良情况并及时消除				
		（15）打开排液管线中的旁路阀，使其转入空载运转				
		（16）切断电动机电源				
		（17）关闭进、排液管线上的闸阀和旁路阀				
3	正常开车	开车前准备	启动前检查：盘车检查、轴承和填料函检查、仪表检查、外部条件、安全防护检查			
		开车	按规范启动往复泵，逐渐调整阀门开度至设定流量或扬程，进入正常运行（流量或扬程稳定）状态			
4	正常运行	记录相关数据	流量			
			往复泵进出口压力			
			轴功率			
			转速			
		维持正常运行	当泵正常运转后，检查泵的出口压力、出口流量、电机电流、各部位温度是否正常、润滑油的油位、泵的振动、噪声以及密封处泄漏情况；（根据工艺需要）关闭最小流量旁路的阀门。做好相关设备运行记录			

续表

任务名称		往复泵操作实训		配分	评价标准	评价	
序号	工作步骤	工作要点及技术要求		配分	评价标准	评价结论（合格、基本合格、不合格，严重错误要具体指出！）	评分
5	正常停车	（1）初始状态：泵入口阀全开，泵出口阀开度满足工艺需要，泵在运转					
		（2）停泵：①先关压力表，再关闭出口阀 ②按电机停车按钮，停电动机，确认泵不反转 ③关闭吸入阀，（如有）关闭冷却水、机械密封冲洗水					
6	异常停车	泵的运动部分有敲击声； 滚动轴承温度过高； 润滑油温度过高； 泵出口压力表指针摆动急剧； 泵体法兰处渗漏；泵的进排液管振动剧烈； 进排液阀的阀腔内敲击声不均匀； 柱塞密封泄漏严重； 柱塞温度过高； 泵的动力不足	（1）备用泵应作好一切启动准备工作				
			（2）切断原运转泵的电源，停泵，启动备用泵				
			（3）打开备用泵的排出阀，使出口流量、压力达到规定值				
			（4）关闭原运转泵的排出阀和吸入阀，对事故进行处理				
7	使用工具、量具、器具	使用工具、量具、器具	正确选择、规范安全使用工具、量具、器具				
		维护工具、量具、器具	安全、文明使用各种工具，摆放整齐，用完整理归位				
8	安全及其他	遵守国家法规或企业相关安全规范	安全使用水、电、气，高空作业不伤人、不伤己等安全防范意识、行为				
		是否在规定时间内完成	按时完成工作任务				
合计							

注：任务过程评价表中，工作要点及技术要求可根据实际教学过程进行调整；配分项中每一小项的具体配分根据该项在任务实施过程中的重要程度、任务目标等的不同，自行配分；评价标准项不设统一标准，根据任务实施过程中的需要，综合考虑各方面因素而形成。

任课老师： 年 月 日

二、自我评估与总结

试结合自身任务完成的情况,通过交流讨论等方式学习全面规范地填写本次任务的工作总结。

_____
_____
_____
_____
_____
_____
_____
_____
_____
_____
_____
_____
_____
_____

三、小组评估与总结

_____
_____
_____
_____
_____
_____
_____
_____
_____
_____
_____
_____
_____
_____

课堂笔记

项目1.3 认识其他流体输送机械

任务　认识其他流体输送机械

姓名		班级		建议学时	
所在组		岗位		成绩	

📋 任务描述

一、任务描述

学生在接受老师指定的工作任务后，了解工作场地的环境、设备管理要求，穿戴符合劳保要求，在老师的指导下，认识旋转泵、旋涡泵和水环真空泵的内部和外部结构及工作原理，工作完成后按照8S现场管理规范清理场地、归置物品、资料归档，并按照环保规定处置废弃物。

二、具体任务

1.观察旋转泵、旋涡泵和水环真空泵的外观结构，它是由哪几部分组成的？分别有什么作用？

2.观察旋转泵、旋涡泵和水环真空泵的内部结构，主要包括哪些零部件？分别起到什么作用？

能力目标

1.具备制订工作目标并按计划执行的能力。

2.能与小组成员协作共同完成任务。

3.能正确掌握旋转泵、旋涡泵和水环真空泵的基本结构、工作原理及特点。

4.能正确掌握旋转泵、旋涡泵和水环真空泵的性能。

🌀 任务准备

一、任务确认及本任务安全须知

1.根据岗位需要规范穿好工作服，正确佩戴防护口罩、防护手套、安全帽等。

2.工具（如扳手、螺丝刀）使用前检查规格是否符合要求，切忌蛮力使用。

3.操作电气设备时，注意绝缘防护，避免接触带电部位。

4.旋转泵、旋涡泵和水环真空泵及其内部构件使用完毕后要摆放规整，操作时避免划伤。

5.及时清理现场地面液体，防止滑倒。

6.完成本任务需注意的其他安全事项。

我承诺：我已经知晓本任务及安全须知，将严格遵守并进行操作

承诺人：_____ 时间：_____

二、设备、工具的准备，填写下表

作业单号： 　　　领料部门：　　　　　　　年　　月　　日

序号	名称	规格	单位	借出时间	借用人签名	归还时间	归还人签名	管理员签名	备注

任务分析与实施

一、任务分析

在学习旋转泵、旋涡泵和水环真空泵前，学员必须了解三种泵的用途，建议按照以下步骤完成相关任务。

1.查阅相关书籍和资料，了解旋转泵、旋涡泵和水环真空泵。

2.通过查找资料，现场观察旋转泵、旋涡泵和水环真空泵的外观结构，学习其构成。

3.通过现场观察老师拆卸三种类型的泵，学习其内部结构。

二、任务实施

1.齿轮泵

（1）观察齿轮泵的外观结构，完成下表。

齿轮泵外部构件名称	作用

（2）观察齿轮泵的结构图，完成下表。

齿轮泵主要构件名称	作用

（3）用自己的语言描述齿轮泵是如何工作的。

2. 旋涡泵

（1）观察旋涡泵的外观结构，完成下表。

1—泵体；2—叶轮；3—密封圈；4—隔板；5—内磁钢总成；6—外磁钢总成；7—连接架；8—电机；9—轴承；10—轴承压盖；11—泵轴；12—隔离套；13—动环；14—静环

旋涡泵外部构件名称	作用

（2）观察旋涡泵的结构图，完成下表。

旋涡泵主要构件名称	作用

（3）用自己的语言描述旋涡泵是如何工作的。

3. 水环泵

（1）观察水环泵的外观结构，完成下表。

水环泵外部构件名称	作用

（2）观察水环泵的结构图，完成下表。

水环泵主要构件名称	作用

1—轴承端盖；2—吸气口；3—端盖；4—前吸排气圆盘；
5—叶轮；6—轴；7—泵体；8—后吸排气圆盘；
9—端盖；10—排气口

（3）用自己的语言描述水环泵是如何工作的。

4.化工生产中还用到了哪些泵？（至少写出两种泵：包括它的结构和工作原理）

任务评价与总结

一、任务过程评价

任务过程评价表

任务名称		认识其他流体输送机械		评价		
序号	工作步骤	工作要点及技术要求	配分	评价标准	评价结论（合格、基本合格、不合格，严重错误要具体指出！）	评分
1	准备工作	穿戴劳保用品				
		工具、材料、记录准备				
2	认识旋转泵	旋转泵结构				
		旋转泵的特点				
		旋转泵工作过程				
3	认识旋涡泵	旋涡泵结构				
		旋涡泵的特点				
		旋涡泵工作过程				
4	认识水环真空泵	水环泵结构				
		水环泵的特点				
		水环泵工作过程				
5	其他常见的化工用泵	磁力泵				
		往复式压缩机				
6	使用工具、量具、器具	使用工具、量具、器具	正确选择、规范安全使用工具、量具、器具			
		维护工具、量具、器具	安全、文明使用各种工具，摆放整齐，用完整理归位			
7	安全及其他	遵守国家法规或企业相关安全规范	安全使用水、电、气，高空作业不伤人、不伤己等安全防范意识、行为			
		是否在规定时间内完成	按时完成工作任务			
合计						

注：任务过程评价表中，工作要点及技术要求可根据实际教学过程进行调整；配分项中每一小项的具体配分根据该项在任务实施过程中的重要程度、任务目标等的不同，自行配分；评价标准项不设统一标准，根据任务实施过程中的需要，综合考虑各方面因素而形成。

任课老师：　　　　年　月　日

二、自我评估与总结

试结合自身任务完成的情况,通过交流讨论等方式学习全面规范地填写本次任务的工作总结。

_____
_____
_____
_____
_____
_____
_____
_____
_____
_____
_____
_____
_____

三、小组评估与总结

_____
_____
_____
_____
_____
_____
_____
_____
_____
_____
_____
_____
_____

课堂笔记

综合实训　拆装简单化工管路

姓名		班级		建议学时	
所在组		岗位		成绩	

任务描述

一、任务描述

学生在接受老师指定的工作任务后，了解工作场地的环境、设备管理要求，穿戴符合劳保要求，在老师的指导下，掌握化工管的拆装，工作完成后按照8S现场管理规范清理场地、归置物品、资料归档，并按照环保规定处置废弃物。

二、具体任务

1. 学会识读简单化工管路工艺流程图。
2. 学会简单化工管路工艺流程图的绘制。
3. 学习化工管路的拆装规范。
4. 学会化工管路的规范拆装。

能力目标

1. 具备制订工作目标并按计划执行的能力。
2. 能与小组成员协作共同完成任务。
3. 能识读化工管路工艺流程图，会绘制化工管路工艺流程图。
4. 能正确拆装化工管路；能规范使用拆装的相关工具。
5. 通过管路连接操作培养认真严谨的态度和吃苦耐劳的精神。
6. 具备HSE意识，操作过程及现场符合HSE要求。

任务准备

一、任务确认及本任务安全须知

1. 根据岗位需要规范穿好工作服，正确佩戴防护口罩、防护手套、安全帽等。
2. 工具（如扳手、螺丝刀）使用前检查规格是否符合要求，切忌蛮力使用。

3.操作电气设备时，注意绝缘防护，避免接触带电部位。
4.能正确识别管路、阀门安装过程中的风险。
5.及时清理现场地面液体，防止滑倒。
6.完成本任务需注意的其他安全事项。

我承诺：我已经知晓本任务及安全须知，将严格遵守并进行操作

承诺人：_____ 时间：_____

二、设备、工具的准备，填写下表

作业单号：　　　　领料部门：　　　　　　年　　月　　日

序号	名称	规格	单位	借出时间	借用人签名	归还时间	归还人签名	管理员签名	备注

❋ 任务分析与实施

一、任务分析

在学习化工管路拆装前，建议学员按照以下步骤完成相关任务。

1.查阅相关书籍和资料，了解化工管路的拆装。
2.通过查找资料，学习化工管路的拆卸规范。
3.通过现场实操，学习化工管路中的管件、阀件及控制仪表的拆装。

二、任务实施

1.找出图1-5中的设备、管件、阀件及控制仪表，然后完成下表。

类型	设备	管件	阀件	控制仪表
数量/个				

项目1 流体输送机械

图1-5 中控精馏装置PID图

2.根据图1-5画出其流程框图。

3.写出简单化工管路拆装的步骤。

步骤	主要内容
步骤1	
步骤2	
步骤3	

4.化工管道的拆装过程中,还应该注意哪些问题?写出解决方法。

编号	问题	解决方法
1		
2		
3		

任务评价与总结

一、任务过程评价

任务过程评价表

任务名称		拆装简单化工管路		评价		
序号	工作步骤	工作要点及技术要求	配分	评价标准	评价结论（合格、基本合格、不合格，严重错误要具体指出！）	评分
1	准备工作	穿戴劳保用品				
		工具、材料、记录准备				
2	识读化工管路工艺流程图	认识工艺流程图及种类（PFD 和 P&ID）				
		认识工艺流程图的各种规范				
		绘制简单管路的流程图				
3	化工管路拆装规范	化工管路布置的基本原则				
		化工管路组装方式				
		化工管路拆装规范				
4	拆装简单化工管路	现场（测绘并）画出安装配管图				
		备料：根据装配图，列出备料清单（含安装工具）				
		管路安装：根据装配图，按规范安装管路				
		试漏：对安装好的管路进行试漏				
		安全文明生产				
5	使用工具、量具、器具	使用工具、量具、器具	正确选择、规范安全使用工具、量具、器具			
		维护工具、量具、器具	安全、文明使用各种工具，摆放整齐，用完整理归位			
6	安全及其他	遵守国家法规或企业相关安全规范	安全使用水、电、气，高空作业不伤人、不伤己等安全防范意识、行为			
		是否在规定时间内完成	按时完成工作任务			
		合计				

注：任务过程评价表中，工作要点及技术要求可根据实际教学过程进行调整；配分项中每一小项的具体配分根据该项在任务实施过程中的重要程度、任务目标等的不同，自行配分；评价标准项不设统一标准，根据任务实施过程中的需要，综合考虑各方面因素而形成。

任课老师：　　　年　月　日

二、自我评估与总结

试结合自身任务完成的情况，通过交流讨论等方式学习全面规范地填写本次任务的工作总结。

_____
_____
_____
_____

三、小组评估与总结

_____
_____
_____
_____

课堂笔记

项目 2
过滤装置

项目 2.1　操作板框压滤机

任务 1　认识板框压滤机

姓名		班级		建议学时	
所在组		岗位		成绩	

📋 任务描述

一、任务描述

学生在接受老师指定的工作任务后,了解工作场地的环境、设备管理要求,穿戴符合劳保要求,在老师的指导下,掌握板框压滤机的结构及工作过程,工作完成后按照 8S 现场管理规范清理场地、归置物品、资料归档,并按照环保规定处置废弃物。

二、具体任务

1. 观察板框压滤机的结构,它是由哪几部分组成的?分别有什么作用?
2. 说出板框压滤机的工作过程。

能力目标

1. 具备制订工作目标并按计划执行的能力。
2. 能与小组成员协作共同完成任务。
3. 能正确掌握板框压滤机的结构及特点。
4. 能正确掌握板框压滤机的外部构造及功能。
5. 能正确掌握板框压滤机的工作过程。

任务准备

一、任务确认及本任务安全须知

1.根据岗位需要规范穿好工作服,正确佩戴防护口罩、防护手套、安全帽等。

2.工具(如扳手、螺丝刀)使用前检查规格是否符合要求,切忌蛮力使用。

3.操作电气设备时,注意绝缘防护,避免接触带电部位。

4.板框压滤机内部构件使用完毕后要摆放规整,操作时避免划伤。

5.及时清理现场地面液体,防止滑倒。

6.完成本任务需注意的其他安全事项。

我承诺:我已经知晓本任务及安全须知,将严格遵守并进行操作

承诺人:_____ 时间:_____

二、设备、工具的准备,填写下表

作业单号: 领料部门: 年 月 日

序号	名称	规格	单位	借出时间	借用人签名	归还时间	归还人签名	管理员签名	备注

任务分析与实施

一、任务分析

1.通过查找资料,现场观察板框压滤机的结构,学习板框压滤机的构成。

2.通过查找资料,现场观察,掌握板框压滤机的工作过程。

二、任务实施

1. 观察板框压滤机的结构，完成下表。

板框压滤机的构件名称	作用

2. 观察板框压滤机的工作过程完成下表。

板框压滤机工作过程	过程描述
1. 过滤阶段	
2. 洗涤阶段	

任务评价与总结

一、任务过程评价

任务过程评价表

任务名称		认识板框压滤机		评价		
序号	工作步骤	工作要点及技术要求	配分	评价标准	评价结论（合格、基本合格、不合格，严重错误要具体指出！）	评分
1	准备工作	穿戴劳保用品				
		工具、材料、记录准备				
2	板框压滤机外观认识（本表配电机）	外形描述				
		认识铭牌所包含的内容				
		认识机架、滑动机头、滤框、滤板、固定机头、滤液出口、滤浆进口、滤布等				
3	板框压滤机工作过程	（1）板框压滤机的过滤阶段				
		（2）板框压滤机的洗涤阶段				
4	使用工具、量具、器具	使用工具、量具、器具	正确选择、规范安全使用工具、量具、器具			
		维护工具、量具、器具	安全、文明使用各种工具，摆放整齐，用完整理归位			
5	安全及其他	遵守国家法规或企业相关安全规范	安全使用水、电、气，高空作业不伤人、不伤己等安全防范意识、行为			
		是否在规定时间内完成	按时完成工作任务			
		合计				

注：任务过程评价表中，工作要点及技术要求可根据实际教学过程进行调整；配分项中每一小项的具体配分根据该项在任务实施过程中的重要程度、任务目标等的不同，自行配分；评价标准项不设统一标准，根据任务实施过程中的需要，综合考虑各方面因素而形成。

任课老师： 　　　年 月 日

二、自我评估与总结

试结合自身任务完成的情况,通过交流讨论等方式学习全面规范地填写本次任务的工作总结。

三、小组评估与总结

课堂笔记

任务2　板框压滤机操作实训

姓名		班级		建议学时	
所在组		岗位		成绩	

📋 任务描述

一、任务描述

学生在接受老师指定的工作任务后，了解工作场地的环境、设备管理要求，穿戴符合劳保要求，在老师的指导下，操作板框压滤机，工作完成后按照8S现场管理规范清理场地、归置物品、资料归档，并按照环保规定处置废弃物。

二、具体任务

1. 说出板框压滤机的安全防护措施。
2. 安全规范操作板框压滤机。
3. 对常见的故障进行处理。

能力目标

1. 具备制订工作目标并按计划执行的能力。
2. 能与小组成员协作共同完成任务。
3. 能制定并执行板框压滤机操作方案；能制定故障应急处理方案。
4. 能安全规范操作板框压滤机；能对常见的故障进行处理。
5. 通过板框压滤机的操作培养认真严谨的态度和吃苦耐劳的精神。
6. 具备HSE意识，操作过程及现场符合HSE要求。

🛠 任务准备

一、任务确认及本任务安全须知

1. 根据岗位需要规范穿好工作服，正确佩戴防护口罩、防护手套、安全帽等。
2. 工具（如扳手、螺丝刀）使用前检查规格是否符合要求，切忌蛮力使用。
3. 操作电气设备时，注意绝缘防护，避免接触带电部位。

4. 能正确识别板框压滤机操作中的风险，如正常运行时操作员不得将身体部位放在滤板之间；注意检查滤板之间是否有杂物，滤布是否起褶皱等。

5. 及时清理现场地面液体，防止滑倒。

6. 完成本任务需注意的其他安全事项。

我承诺：我已经知晓本任务及安全须知，将严格遵守并进行操作

承诺人：_____ 时间：_____

二、设备、工具的准备，填写下表

作业单号：　　　　领料部门：　　　　　　年　　月　　日

序号	名称	规格	单位	借出时间	借用人签名	归还时间	归还人签名	管理员签名	备注

✱ 任务分析与实施

一、任务分析

1. 通过查找资料，学会板框压滤机的安全防护措施。

2. 通过查找资料，现场观察，安全正确地操作板框压滤机。

3. 对常见事故进行处理。

二、任务实施

1. 通过查阅资料完成下表。

板框压滤机的安全防护措施
1.
2.
3.

2. 操作板框压滤机，完成下表。

操作板框压滤机	操作步骤
开车前准备	
开车	
正常运行	
停车	

3. 查找资料，完成下表。

序号	故障现象	产生原因	排除方式
1	滤板之间跑料	（1）油压不足 （2）滤板密封面夹有杂物 （3）滤布不平整、折叠 （4）低温板用于高温物料，造成滤板变形 （5）进料泵压力或流量超高	（1）参见序号3 （2）清理密封面 （3）整理滤布 （4）更换滤板 （5）重新调整
2	滤液不清	（1）滤板破损 （2）滤布选择不当 （3）滤布开孔过大 （4）滤布袋缝合处开线 （5）滤布带缝合处针脚过大	
3	油压不足	（1）溢流阀调整不当或损坏 （2）阀内漏油 （3）油缸密封圈磨损 （4）管路外泄漏 （5）电磁换向阀未到位 （6）柱塞泵损坏 （7）油位不够	
4	保压不灵		（1）检修油路 （2）更换 （3）用煤油清洗或更换 （4）用煤油清洗或更换
5	时间继电器失灵	（1）传动系统被卡 （2）时间继电器失灵 （3）拉板系统电器失灵 （4）拉板电磁阀故障	

任务评价与总结

一、任务过程评价

任务过程评价表

任务名称		板框压滤机操作实训		评价		
序号	工作步骤	工作要点及技术要求	配分	评价标准	评价结论（合格、基本合格、不合格，严重错误要具体指出！）	评分
1	开车前准备	（1）在滤框两侧先铺好滤布，注意要将滤布上的孔对准滤框角上的进料孔，铺平滤布				
		（2）板框装好后，压紧活动机头上的螺旋				
		（3）将滤浆放入贮浆槽内，开动搅拌器以免滤浆产生沉淀。在滤液排出口准备好滤液接收器				
		（4）检查滤浆进口阀及洗涤水进口阀是否关闭				
		（5）开启空气压缩机，将压缩空气送入贮浆罐，注意压缩空气压力表的读数，待压力达到规定值，可以准备开始过滤				
2	开车	（1）开启过滤压力调节阀，注意观察过滤压力表读数，等待过滤压力达到规定数值后，通过调节来维持过滤压力的稳定				
		（2）开启过滤出口阀，接着全部开启滤浆进口阀，将滤浆送入过滤机，过滤开始				
3	正常运行	（1）观察滤液，若滤液为清液时，表明过滤正常。当发现滤液有浑浊或带有滤渣，说明过滤过程中出现问题。应停止过滤，检查滤布及安装情况，滤板、滤框是否变形，有无裂纹，管路有无泄漏等				
		（2）定时读取并记录过滤压力，注意滤板与滤框的接触面是否有滤液泄漏				
		（3）当出口处滤液量变得很小时，说明板框中已充满滤渣，过滤阻力增大使过滤速度减慢，这时可以关闭滤浆进口阀，停止过滤				

续表

任务名称		板框压滤机操作实训		评价		
序号	工作步骤	工作要点及技术要求	配分	评价标准	评价结论（合格、基本合格、不合格，严重错误要具体指出！）	评分
3	正常运行	（4）洗涤。开启洗涤水出口阀，再开启洗水进口阀向压滤机内送入洗涤水，在相同压力下洗涤滤渣，直至洗涤符合要求				
4	停车	关闭过滤压力表前的调节阀及洗水进口阀，松开活动机头上的螺旋，将滤板、滤框拉开，卸出滤饼，将滤板和滤框清洗干净，以备下一个循环使用				
5	使用工具、量具、器具	使用工具、量具、器具	正确选择、规范安全使用工具、量具、器具			
		维护工具、量具、器具	安全、文明使用各种工具，摆放整齐，用完整理归位			
6	安全及其他	遵守国家法规或企业相关安全规范	安全使用水、电、气，高空作业不伤人、不伤己等安全防范意识、行为			
		是否在规定时间内完成	按时完成工作任务			
合计						

注：任务过程评价表中，工作要点及技术要求可根据实际教学过程进行调整；配分项中每一小项的具体配分根据该项在任务实施过程中的重要程度、任务目标等的不同，自行配分；评价标准项不设统一标准，根据任务实施过程中的需要，综合考虑各方面因素而形成。

任课老师： 年 月 日

二、自我评估与总结

试结合自身任务完成的情况，通过交流讨论等方式学习全面规范地填写本次任务的工作总结。

三、小组评估与总结

课堂笔记

项目2.2　操作转筒真空过滤机

任务1　认识转筒真空过滤机

姓名		班级		建议学时	
所在组		岗位		成绩	

任务描述

一、任务描述

学生在接受老师指定的工作任务后，了解工作场地的环境、设备管理要求，穿戴符合劳保要求，在老师的指导下，掌握转筒真空过滤机的结构及工作过程，工作完成后按照8S现场管理规范清理场地、归置物品、资料归档，并按照环保规定处置废弃物。

二、具体任务

1.观察转筒真空过滤机的结构，它是由哪几部分组成的？分别有什么作用？

2.说出转筒真空过滤机的工作过程。

能力目标

1.具备制订工作目标并按计划执行的能力。

2.能与小组成员协作共同完成任务。

3.能正确掌握转筒真空过滤机的结构及特点。

4.能正确掌握转筒真空过滤机的工作过程。

任务准备

一、任务确认及本任务安全须知

1.根据岗位需要规范穿好工作服，正确佩戴防护口罩、防护手套、安全帽等。

2.工具（如扳手、螺丝刀）使用前检查规格是否符合要求，切忌蛮力使用。

3.操作电气设备时，注意绝缘防护，避免接触带电部位。

4.转筒真空过滤机内部构件使用完毕后要摆放规整,操作时避免划伤。

5.及时清理现场地面液体,防止滑倒。

6.完成本任务需注意的其他安全事项。

我承诺：我已经知晓本任务及安全须知,将严格遵守并进行操作

承诺人：_____ 时间：_____

二、设备、工具的准备,填写下表

作业单号：　　　　领料部门：　　　　　　年　　月　　日

序号	名称	规格	单位	借出时间	借用人签名	归还时间	归还人签名	管理员签名	备注

任务分析与实施

一、任务分析

1.通过查找资料,现场观察转筒真空过滤机的结构,学习转筒真空过滤机的构成。

2.通过查找资料,现场观察,掌握转筒真空过滤机的工作过程。

二、任务实施

1.观察转筒真空过滤机的结构,完成下表。

图中序号	转筒真空过滤机的构件名称	作用
1		
2		
3		
4		
5		
6		
7		
8		
9		
10		
11		

2. 观察转筒真空过滤机的工作过程，完成下表。

转筒真空过滤机工作过程	过程描述
1. 过滤区	
2. 吸干区	
3. 洗涤区	
4. 吹松区	
5. 卸料区	

任务评价与总结

一、任务过程评价

任务过程评价表

任务名称		认识转筒真空过滤机			评价	
序号	工作步骤	工作要点及技术要求	配分	评价标准	评价结论（合格、基本合格、不合格，严重错误要具体指出！）	评分
1	准备工作	穿戴劳保用品				
		工具、材料、记录准备				
2	转筒真空过滤机外观认识	外形描述				
		认识铭牌所包含的内容				
		认识转筒、滤布、金属网、搅拌器传动、摇摆式搅拌器、传动装置、手孔、过滤室、刮刀、分配间、滤渣管路等				
3	转筒真空过滤机工作过程	（1）过滤区				
		（2）吸干区				
		（3）洗涤区				
		（4）吹松区				
		（5）卸料区				
4	使用工具、量具、器具	使用工具、量具、器具	正确选择、规范安全使用工具、量具、器具			
		维护工具、量具、器具	安全、文明使用各种工具，摆放整齐，用完整理归位			
5	安全及其他	遵守国家法规或企业相关安全规范	安全使用水、电、气，高空作业不伤人、不伤己等安全防范意识、行为			
		是否在规定时间内完成	按时完成工作任务			
			合计			

注：任务过程评价表中，工作要点及技术要求可根据实际教学过程进行调整；配分项中每一小项的具体配分根据该项在任务实施过程中的重要程度、任务目标等的不同，自行配分；评价标准项不设统一标准，根据任务实施过程中的需要，综合考虑各方面因素而形成。

任课老师： 年 月 日

二、自我评估与总结

试结合自身任务完成的情况,通过交流讨论等方式学习全面规范地填写本次任务的工作总结。

三、小组评估与总结

课堂笔记

任务2　转筒真空过滤机操作实训

姓名		班级		建议学时	
所在组		岗位		成绩	

📋 任务描述

一、任务描述

学生在接受老师指定的工作任务后，了解工作场地的环境、设备管理要求，穿戴符合劳保要求，在老师的指导下，操作转筒真空过滤机，工作完成后按照 8S 现场管理规范清理场地、归置物品、资料归档，并按照环保规定处置废弃物。

二、具体任务

1. 说出转筒真空过滤机的安全防护措施。
2. 安全规范操作转筒真空过滤机。
3. 对常见的故障进行处理。

能力目标

1. 具备制订工作目标并按计划执行的能力。
2. 能与小组成员协作共同完成任务。
3. 能制定并执行转筒真空过滤机操作方案；能制定故障应急处理方案。
4. 能安全规范操作转筒真空过滤机；能正确判断各种事故并进行应急处理。
5. 通过转筒真空过滤机的操作培养认真严谨的态度和吃苦耐劳的精神。
6. 具备 HSE 意识，操作过程及现场符合 HSE 要求。

🧰 任务准备

一、任务确认及本任务安全须知

1. 根据岗位需要规范穿好工作服，正确佩戴防护口罩、防护手套、安全帽等。
2. 工具（如扳手、螺丝刀）使用前检查规格是否符合要求，切忌蛮力使用。

3.操作电气设备时，注意绝缘防护，避免接触带电部位。

4.真空系统要达到工艺要求，不得有任何泄漏；所有密封件均应配合紧密；转动盘和固定盘的接触面必须光滑平整；操作时避免划伤。

5.及时清理现场地面液体，防止滑倒。

6.完成本任务需注意的其他安全事项。

我承诺：我已经知晓本任务及安全须知，将严格遵守并进行操作

承诺人：＿＿＿＿＿＿　　时间：＿＿＿＿＿＿

二、设备、工具的准备，填写下表

作业单号：　　　领料部门：　　　　年　月　日

序号	名称	规格	单位	借出时间	借用人签名	归还时间	归还人签名	管理员签名	备注

✱ 任务分析与实施

一、任务分析

1.通过查找资料，学会转筒真空过滤机的安全防护措施。

2.通过查找资料，现场观察，安全正确地操作转筒真空过滤机。

3.对常见事故进行处理。

二、任务实施

1.通过查阅资料完成下表。

转筒真空过滤机的安全防护措施
1.
2.
3.
4.
5.
6.

2.操作转筒真空过滤机，完成下表。

操作转筒真空过滤机	操作步骤
试车前检查	
试车	
开车	
正常运行	
停车	

3.查找资料，完成下表。

序号	故障现象	产生原因	排除方法
1	滤饼厚度达不到要求，滤饼不干	（1）真空度达不到要求 （2）滤槽内滤浆液面低 （3）滤布长时间未清洗或清洗不干净	
2	真空度过低	（1）分配头磨损漏气 （2）真空泵效率低或管路漏气 （3）滤布有破损 （4）错气窜风	

任务评价与总结

一、任务过程评价

任务过程评价表

任务名称		转筒真空过滤机操作实训		评价		
序号	工作步骤	工作要点及技术要求	配分	评价标准	评价结论（合格、基本合格、不合格，严重错误要具体指出！）	评分
1	试车	试车前检查	（1）检查滤布。滤布应清洁无缺损，注意不能有干浆			
			（2）检查滤浆。滤浆槽内不能有沉淀物或杂物			
			（3）检查转筒与刮刀之间的距离，一般为 1～2mm			
			（4）查看真空系统真空度大小和压缩空气系统压力大小是否符合要求			
			（5）给分配头、主轴瓦、压辊系统、搅拌器和齿轮等传动机构加润滑脂和润滑油，检查和补充减速机的润滑油			
		试车	（1）检查机体所有紧固螺栓是否旋紧，传动齿轮的啮合是否合适，滚筒托轮有无异常，电动机的接线是否正确，滤筒传动是否轻便			
			（2）启动电机，观察滤筒转向是否正确，齿轮传动是否正常，进浆阀门开启是否灵活，注意有无异常现象，机架是否稳定。可试空车和洗车15min			
2	开车		开启过滤浆阀门向滤槽注入滤浆，当液面上升到滤槽高度的1/2时，再打开真空、洗涤、压缩空气等阀门。开始正常生产			
3	正常运行		（1）经常检查滤槽内的液面高低，保持液面高度为滤槽的3/5～3/4，高度不够会影响滤饼的厚度			
			（2）经常检查各管路、阀门是否有渗漏，如有渗漏应停车修理			
			（3）定期检查真空度、压缩空气压力是否达到规定值、洗涤水分布是否均匀			
			（4）定时分析过滤效果，如滤饼的厚度、洗涤水是否符合要求			

续表

任务名称		转筒真空过滤机操作实训		评价		
序号	工作步骤	工作要点及技术要求		配分	评价标准	评价结论（合格、基本合格、不合格，严重错误要具体指出！）	评分
4	停车	（1）关闭滤浆入口阀门，再依次关闭洗涤水阀门、真空和压缩空气阀门				
		（2）洗车。除去转筒和滤槽内的物料				
5	使用工具、量具、器具	使用工具、量具、器具	正确选择、规范安全使用工具、量具、器具			
		维护工具、量具、器具	安全、文明使用各种工具，摆放整齐，用完整理归位			
6	安全及其他	遵守国家法规或企业相关安全规范	安全使用水、电、气，高空作业不伤人、不伤己等安全防范意识、行为			
		是否在规定时间内完成	按时完成工作任务			
合计						

注：任务过程评价表中，工作要点及技术要求可根据实际教学过程进行调整；配分项中每一小项的具体配分根据该项在任务实施过程中的重要程度、任务目标等的不同，自行配分；评价标准项不设统一标准，根据任务实施过程中的需要，综合考虑各方面因素而形成。

任课老师：　　　年 月 日

二、自我评估与总结

试结合自身任务完成的情况，通过交流讨论等方式学习全面规范地填写本次任务的工作总结。

三、小组评估与总结

课堂笔记

项目 3
换热器

项目 3.1 认识换热器

任务 1 认识套管式换热器

姓名		班级		建议学时	
所在组		岗位		成绩	

📋 任务描述

一、任务描述

学生在接受老师指定的工作任务后,了解工作场地的环境、设备管理要求,穿戴符合劳保要求,在老师的指导下,掌握套管式换热器的内部和外部结构及功能,工作完成后按照8S现场管理规范清理场地、归置物品、资料归档,并按照环保规定处置废弃物。

二、具体任务

1.分组,分配工作,明确每个人的任务。

2.读懂结构图。

3.观察套管式换热器的外观结构,它是由哪几部分组成的?分别有什么作用?

4.观察套管式换热器的内部结构,主要包括哪些零部件?分别起到什么作用?

能力目标

1.具备制订工作目标并按计划执行的能力。

2.能与小组成员协作共同完成任务。

3.通过套管式换热器的拆装实训,能正确掌握套管式换热器的基本结构、工作原理及特点。

4.通过规范的拆装和测量操作培养认真严谨的态度和吃苦耐劳的精神。

5.具备HSE意识,操作过程及现场符合HSE要求。

任务准备

一、任务确认及本任务安全须知

1.根据岗位需要规范穿好工作服,正确佩戴防护口罩、防护手套、安全帽等。

2.工具(如扳手、螺丝刀)使用前检查规格是否符合要求,切忌蛮力使用。

3.操作电气设备时,注意绝缘防护,避免接触带电部位。

4.套管式换热器内部构件使用完毕后要摆放规整;操作时避免划伤。

5.及时清理现场地面液体,防止滑倒。

6.完成本任务需注意的其他安全事项。

我承诺:我已经知晓本任务及安全须知,将严格遵守并进行操作

承诺人:_____ 时间:_____

二、设备、工具的准备,填写下表

作业单号:　　　　领料部门:　　　　　年　　月　　日

序号	名称	规格	单位	借出时间	借用人签名	归还时间	归还人签名	管理员签名	备注

任务分析与实施

一、任务分析

在认识换热器前,学生必须了解换热器的基本知识,建议按照以下步骤完成相关任务。

1.查阅相关书籍和资料,了解不同类型的换热器。

2.通过查找资料,现场观察套管式换热器的外观结构,学习套管式换热器的构成。

3.通过现场观察老师对套管式换热器的拆卸,学习套管式换热器的内部结构。

二、任务实施

1.查阅相关资料,分组并回答生活中有哪些传热现象,以及传热在化工生产中的重要性。

2.通过查阅资料完成下表。

常用换热器名称	型号	工业用途

3.观察套管式换热器的外观结构,完成下表。

套管式换热器外部构件名称	作用

4.观察换热器的内部结构,并完成下表。

套管式换热器主要构件名称	作用

任务评价与总结

一、任务过程评价

任务过程评价表

项目	考核内容及配分	评分标准	记录	得分
领工具（10分）	领工具单评分（5分）	（1）所有工具一次性领到位，多领或少领或错领每件扣1分或没有记录每件加扣1分，扣完为止 （2）损坏工具，每件扣2分，扣完为止		
	工具堆放位置（5分）	（1）工具摆放整齐，每乱摆一件扣1分，扣完为止 （2）所用物件越界，每件扣1分，扣完为止		
认识套管式换热器（20分）		认识换热器的每个部件，查找每个关键零部件的作用		
拆卸套管式换热器（20分）	按照顺序拆开换热器	（1）按照顺序拆卸换热器，错一处扣5分，扣完为止 （2）构件摆放整齐，乱摆一次扣5分，扣完为止 （3）用硬质工具敲打换热器，每次扣5分，扣完为止		
安装换热器（20分）		按照顺序安装换热器，每错一次扣5分，扣完为止		
文明安全操作（8分）	整个拆装过程中选手穿戴是否规范，是否越限（5分）	（1）没有穿规定工作服或者戴手套扣1分 （2）没有戴安全帽扣1分 （3）每越限一次扣1分，最多不超过扣3分		
	伤害（3分）	伤害到别人或自己不安全操作每次1分，扣完为止		

续表

项目	考核内容及配分	评分标准	记录	得分
小组配合良好（2分）				
组员之间互评得分（10分）	正确客观评价组内成员，取平均分			
老师评价得分（10分）				
总分		100		

任课老师：　　　　年　月　日

二、自我评估与总结

试结合自身任务完成的情况，通过交流讨论等方式学习全面规范地填写本次任务的工作总结。

_____
_____
_____
_____
_____
_____

三、小组评估与总结

_____
_____
_____
_____
_____
_____
_____

课堂笔记

任务2　认识列管式换热器

姓名		班级		建议学时	
所在组		岗位		成绩	

📋 任务描述

一、任务描述

学生在接受老师指定的工作任务后，了解工作场地的环境、设备管理要求，穿戴符合劳保要求，在老师的指导下，掌握列管式换热器的内部和外部结构及功能，工作完成后按照8S现场管理规范清理场地、归置物品、资料归档，并按照环保规定处置废弃物。

二、具体任务

1.分组，分配工作，明确每个人的任务。

2.读懂结构图。

3.观察列管式换热器的外观结构，它是由哪几部分组成的？分别有什么作用？

4.观察列管式换热器的内部结构，主要包括哪些零部件？分别起到什么作用？

能力目标

1.具备制订工作目标并按计划执行的能力。

2.能与小组成员协作共同完成任务。

3.通过列管式换热器的拆装实训，能正确掌握列管式换热器的基本结构、工作原理及特点。

4.通过规范的拆装和测量操作培养认真严谨的态度和吃苦耐劳的精神。

5.具备HSE意识，操作过程及现场符合HSE要求。

🔧 任务准备

一、任务确认及本任务安全须知

1.根据岗位需要规范穿好工作服，正确佩戴防护口罩、防护手套、安全

帽等。

2.工具（如扳手、螺丝刀）使用前检查规格是否符合要求，切忌蛮力使用。

3.操作电气设备时，注意绝缘防护，避免接触带电部位。

4.列管式换热器内部构件使用完毕后要摆放规整，操作时避免划伤。

5.及时清理现场地面液体，防止滑倒。

6.完成本任务需注意的其他安全事项。

我承诺：我已经知晓本任务及安全须知，将严格遵守并进行操作

承诺人：_____ 时间：_____

二、设备、工具的准备，填写下表

作业单号：　　　领料部门：　　　　年　　月　　日

序号	名称	规格	单位	借出时间	借用人签名	归还时间	归还人签名	管理员签名	备注

❈ 任务分析与实施

一、任务分析

在认识换热器前，学生必须了解换热器的基本知识，建议按照以下步骤完成相关任务。

1.通过查找资料，现场观察列管式换热器的外观结构，学习列管式换热器的构成。

2.通过现场观察老师拆卸列管式换热器，学习列管式换热器的内部结构。

二、任务实施

1. 查阅相关资料，分组并回答列管式换热器在化工生产中的重要性。
2. 观察列管式换热器的外观结构，完成下表。

列管式换热器外部构件名称	作用

3. 观察列管式换热器的内部结构，并完成下表。

图中序号	列管式换热器主要构件名称	作用
1		
2		
3		
4		
5		
6		

任务评价与总结

一、任务过程评价

任务过程评价表

项目	考核内容及配分	评分标准	记录	得分
领工具 （10分）	领工具单评分 （5分）	（1）所有工具一次性领到位，多领或少领或错领每件扣1分或没有记录每件加扣1分，扣完为止 （2）损坏工具，每件扣2分，扣完为止		
	工具堆放位置 （5分）	（1）工具摆放整齐，每乱摆一件扣1分，扣完为止 （2）所用物件越界，每件扣1分，扣完为止		
认识列管式换热器 （20分）		认识换热器的每个部件，查找每个关键零部件的作用		
拆卸列管式换热器 （20分）	按照顺序拆开换热器	（1）按照顺序拆卸换热器，错一处扣5分，扣完为止 （2）构件摆放整齐，乱摆一次扣5分，扣完为止 （3）用硬质工具敲打换热器，每次扣5分，扣完为止		
安装换热器 （20分）		按照顺序安装换热器，每错一次扣5分，扣完为止		
文明安全操作 8分	整个拆装过程中选手穿戴是否规范，是否越限（5分）	（1）没有穿规定工作服或者戴手套扣1分 （2）没有戴安全帽扣1分 （3）每越限一次扣1分，最多不超过扣3分		
	伤害（3分）	伤害到别人或自己不安全操作每次1分，扣完为止		
小组配合良好 （2分）				
组员之间互评得分 （10分）		正确客观评价组内成员，取平均分		
老师评价得分 （10分）				
总分		100		

任课老师： 　　　　年　月　日

二、自我评估与总结

试结合自身任务完成的情况,通过交流讨论等方式学习全面规范地填写本次任务的工作总结。

三、小组评估与总结

课堂笔记

任务3　认识板式换热器

姓名		班级		建议学时	
所在组		岗位		成绩	

📋 任务描述

一、任务描述

学生在接受老师指定的工作任务后，了解工作场地的环境、设备管理要求，穿戴符合劳保要求，在老师的指导下，掌握板式换热器的内部和外部结构及功能，工作完成后按照8S现场管理规范清理场地、归置物品、资料归档，并按照环保规定处置废弃物。

二、具体任务

1.分组，分配工作，明确每个人的任务。

2.读懂结构图。

3.观察平板式、翅片板式、螺旋板式换热器的外观结构，它是由哪几部分组成的？分别有什么作用？

4.观察平板式、翅片板式、螺旋板式换热器的内部结构，主要包括哪些零部件？分别起到什么作用？

能力目标

1.具备制订工作目标并按计划执行的能力。

2.能与小组成员协作共同完成任务。

3.通过板式换热器的拆装实训，能正确掌握板式换热器的基本结构、工作原理及特点。

4.通过规范的拆装和测量操作养成认真严谨的态度和吃苦耐劳的精神。

5.具备HSE意识，操作过程及现场符合HSE要求。

🌀 任务准备

一、任务确认及本任务安全须知

1.根据岗位需要规范穿好工作服、正确佩戴防护口罩、防护手套、安全帽等。

2.工具（如扳手、螺丝刀）使用前检查规格是否符合要求，切忌蛮力使用。

3.操作电气设备时，注意绝缘防护，避免接触带电部位。

4.板式换热器内部构件使用完毕后要摆放规整，操作时避免划伤。

5.及时清理现场地面液体，防止滑倒。

6.完成本任务需注意的其他安全事项。

我承诺：我已经知晓本任务及安全须知，将严格遵守并进行操作

承诺人：_____ 时间：_____

二、设备、工具的准备，填写下表

作业单号：　　　　领料部门：　　　　　年　　月　　日

序号	名称	规格	单位	借出时间	借用人签名	归还时间	归还人签名	管理员签名	备注

任务分析与实施

一、任务分析

在认识换热器前，学生必须了解换热器的基本知识，建议按照以下步骤完成相关任务。

1.通过查找资料，现场观察平板式、翅片板式、螺旋板式换热器的外观结构，并了解它们的构成。

2.通过现场观察平板式换热器的拆卸（老师演示），学习板式换热器的内部结构。

二、任务实施

1.查阅相关资料，分组并回答板式换热器在化工生产中的重要性。

2.观察平板式换热器的外观结构，完成下表。

平板式换热器外部构件名称	作用

3. 观察翅片板式换热器的内部结构，并完成下表。

翅片板式换热器主要构件名称	作用

4. 观察螺旋板式换热器的内部结构，并完成下表。

螺旋板式换热器主要构件名称	作用

任务评价与总结

一、任务过程评价

任务过程评价表

项目	考核内容及配分	评分标准	记录	得分
领工具（10分）	领工具单评分（5分）	（1）所有工具一次性领到位，多领或少领或错领每件扣1分或没有记录每件加扣1分，扣完为止 （2）损坏工具，每件扣2分，扣完为止		
	工具堆放位置（5分）	（1）工具摆放整齐，每乱摆一件扣1分，扣完为止 （2）所用物件越界，每件扣1分，扣完为止		
认识平板式换热器（20分）	平板式主体结构及作用	认识换热器的每个部件，查找每个关键零部件的作用，错或少1个扣2份		
拆卸平板式换热器（20分）	按照顺序拆开换热器	（1）按照顺序拆卸换热器，错一处扣5分，扣完为止 （2）构件摆放整齐，乱摆一次扣5分，扣完为止 （3）用硬质工具敲打换热器，每次扣5分，扣完为止		
安装平板换热器（20分）	正确安装	按照顺序安装换热器，每错一次扣5分，扣完为止		
文明安全操作（8分）	整个拆装过程中选手穿戴是否规范，是否违规（5分）	（1）没有穿规定工作服或者手套扣1分 （2）没有戴安全帽扣1分 （3）每违规一次扣1分，最多不超过3分		
	伤害（3分）	伤害到别人或自己不安全操作每次1分，扣完为止		
小组配合良好（2分）				
组员之间互评得分（10分）	正确、客观评价组内成员，取平均分			
老师评价得分（10分）				
总分		100		

任课老师：　　　　　年　月　日

二、自我评估与总结

试结合自身任务完成的情况,通过交流讨论等方式学习全面规范地填写本次任务的工作总结。

_____
_____
_____
_____
_____
_____
_____
_____
_____
_____

三、小组评估与总结

_____
_____
_____
_____
_____
_____
_____
_____
_____
_____

课堂笔记

任务4　认识其他形式换热器

姓名		班级		建议学时	
所在组		岗位		成绩	

📄 任务描述

一、任务描述

学生在接受老师指定的工作任务后，了解工作场地的环境、设备管理要求，穿戴符合劳保要求，在老师的指导下，掌握列管式换热器的内部和外部结构及功能，工作完成后按照8S现场管理规范清理场地、归置物品、资料归档，并按照环保规定处置废弃物。

二、具体任务

1.分组，分配工作，明确每个人的任务。

2.读懂结构图。

3.观察凉水塔、混合式冷凝器、蓄热式换热器和热管换热器的外观结构，它是由哪几部分组成的？分别有什么作用？

4.观察凉水塔、混合式冷凝器等换热器的内部结构，主要包括哪些零部件？分别起到什么作用？

能力目标

1.具备制订工作目标并按计划执行的能力。

2.能与小组成员协作共同完成任务。

3.能正确掌握其他换热器（如凉水塔、混合式冷凝器、蓄热式换热器和热管换热器）的基本结构、工作原理及特点。

4.通过规范的拆装和测量操作培养认真严谨的态度和吃苦耐劳的精神。

5.具备HSE意识，操作过程及现场符合HSE要求。

🌀 任务准备

一、任务确认及本任务安全须知

1.根据岗位需要规范穿好工作服，正确佩戴防护口罩、防护手套、安全

帽等。

2.工具（如扳手、螺丝刀）使用前检查规格是否符合要求，切忌蛮力使用。

3.操作电气设备时，注意绝缘防护，避免接触带电部位。

4.各类换热器内部构件使用完毕后要摆放规整，操作时避免划伤。

5.及时清理现场地面液体，防止滑倒。

6.完成本任务需注意的其他安全事项。

我承诺：我已经知晓本任务及安全须知，将严格遵守并进行操作

承诺人：_____ 时间：_____

二、设备、工具的准备，填写下表

作业单号： 领料部门： 年 月 日

序号	名称	规格	单位	借出时间	借用人签名	归还时间	归还人签名	管理员签名	备注

✥ 任务分析与实施

一、任务分析

在认识换热器前，学生必须了解换热器的基本知识，建议按照以下步骤完成相关任务。

通过查找资料，现场观察凉水塔、混合式冷凝器等换热器的外观结构，学习它们的构成；理解其工作原理，以及在化工生产中的应用。

二、任务实施

1.查阅相关资料，分组并回答凉水塔、混合式冷凝器等换热器在化工生产中的重要性。

2.观察凉水塔的外观结构，完成下表。

凉水塔外部构件名称	作用

3. 观察混合式冷凝器的内部结构，并完成下表。

混合式冷凝器主要构件名称	作用

续表

图中序号	混合式冷凝器主要构件名称	作用
1		
2		
3		
4		
5		

(图中标注：2、3、4、5，淋水板)

任务评价与总结

一、任务过程评价

任务过程评价表

项目	考核内容及配分	评分标准	记录	得分
领工具（10分）	领工具单评分（5分）	（1）所有工具一次性领到位，多领或少领或错领每件扣1分或没有记录每件加扣1分，扣完为止 （2）损坏工具，每件扣2分，扣完为止		
	工具堆放位置（5分）	（1）工具摆放整齐，每乱摆一件扣1分，扣完为止 （2）所用物件越界，每件扣1分，扣完为止		
认识凉水塔换热器（30分）	冷水塔主体结构及作用	认识凉水塔的每个部件，查找每个关键零部件的作用，错或少一个扣5分，扣完为止		
认识混合式冷凝器换热器（30分）	混合式冷凝器主体结构及作用	认识混合式冷凝器的每个部件，查找每个关键零部件的作用，错或少一个扣5分，扣完为止		
文明安全操作（8分）	整个实习过程中选手穿戴是否规范，是否违规（4分）	（1）没有穿规定工作服或者手套扣1分 （2）没有戴安全帽扣1分 （3）每违规一次扣1分，最多不超过3分		
	伤害（4分）	伤害到别人或自己不安全操作每次扣4分，扣完8分为止		

续表

项目	考核内容及配分	评分标准	记录	得分
小组配合良好（2分）				
组员之间互评得分（10分）	正确、客观评价组内成员，取平均分			
老师评价得分（10分）				
总分		100		

任课老师： 　　年　月　日

二、自我评估与总结

试结合自身任务完成的情况，通过交流讨论等方式学习全面规范地填写本次任务的工作总结。

_____
_____
_____
_____
_____
_____

三、小组评估与总结

_____
_____
_____
_____
_____
_____
_____
_____
_____

课堂笔记

项目3.2 列管式换热器的仿真操作训练

任务 列管式换热器的仿真操作训练

姓名		班级		建议学时	
所在组		岗位		成绩	

任务描述

一、任务描述

学生在接受老师指定的工作任务后,了解工作场地的环境、设备管理要求,穿戴符合劳保要求,在老师的指导下,通过对仿真系统中列管式换热器的设备、现场阀门、操作仪表、操作流程、操作DCS图的认识,学习列管式换热器仿真操作。工作完成后按照8S现场管理规范清理场地、归置物品、资料归档,并按照环保规定处置废弃物。

二、具体任务

1.掌握仿真系统中列管式换热器的设备、现场阀门相关知识。

2.掌握列管式换热器操作仪表、操作流程、操作DCS图。

3.掌握开车、停车、正常运行与维护、简单事故处理等列管式换热器相关仿真操作。

能力目标

1.具备制订工作目标并按计划执行的能力。

2.能与小组成员协作共同完成任务。

3.能制定并执行列管式换热器开停车仿真操作方案;能制定故障应急处理方案。

4.能正确操作列管式换热器DCS仿真系统;能正确判断列管式换热器各种事故并进行应急处理。

5.具备HSE意识,操作过程及现场符合HSE要求。

任务准备

一、任务确认及本任务安全须知

1. 根据岗位需要规范穿好工作服,正确佩戴防护口罩、防护手套、安全帽等。

2. 化工仿真教学软件系统是专用软件,禁止改变该软件的固定参数;严禁改变仿真机原有设置;严禁在仿真机上进行与化工仿真无关的操作。

3. 操作电气设备时,注意绝缘防护,避免接触带电部位。

4. 严禁在仿真机上使用任何外来软盘、光盘、移动盘等。

5. 务必保持安静,有问题时,可举手单独与指导教师交流。

6. 完成本任务需注意的其他安全事项。

我承诺:我已经知晓本任务及安全须知,将严格遵守并进行操作

承诺人:_____ 时间:_____

二、设备、工具的准备,填写下表

作业单号:　　　　领料部门:　　　　　年　　月　　日

序号	名称	规格	单位	借出时间	借用人签名	归还时间	归还人签名	管理员签名	备注

任务分析与实施

一、任务分析

掌握仿真系统中列管式换热器的设备、现场阀门、操作仪表、操作流程、操作DCS图等相关知识,是学习列管式换热器仿真操作的重要内容。

二、任务实施

1. 了解仿真系统中列管式换热器的设备及现场阀门

(1)认识现场设备　认真观察列管式换热器现场图(图3-1)并填写下表。

位号	名称	位号	名称
E101			
P101A/B			

（2）认识现场阀门　认真观察列管式换热器现场图（图3-1）并填写下表。

图3-1　列管换热器现场图

位号	名称	位号	名称	位号	名称
VB01		VB11		VD02	
VB03		VB10		VD03	
FV101		TV101A		VD04	
VB04		VB07		VD05	
VB05		VB06		VD06	

2.认识列管式换热器DCS操作系统

（1）认真观察列管式换热器操作DCS图（图3-2），并熟悉流量、液位、压力和温度等相关工艺参数。

显示仪表名称	位号	显示变量	正常值	单位
压力显示仪表	PI101			MPa
	PI102			MPa
流量显示仪表	FI101			kg/h
	FI102			kg/h

续表

显示仪表名称	位号	显示变量	正常值	单位
温度显示仪表	TI101			℃
	TI102			℃
	TI103			℃
	TI104			℃
汽化率显示仪表	Evap.Rate			%

图3-2 列管换热器DCS图

（2）请观察DCS图（图3-2）认识调节器，了解正常工况操作参数并填写下表。

调节器名称	位号	调节变量	正常值	单位	正常工况
流量调节器	FIC101			kg/h	投自动
温度调节器	TIC101			℃	投自动分程控制

（3）写出列管式换热器操作流程。

3.完成列管式换热器仿真操作训练

任务评价与总结

一、任务过程评价

任务过程评价表

任务名称		列管式换热器的仿真操作训练		评价		
序号	工作步骤	工作要点及技术要求	配分	评价标准	评价结论（合格、基本合格、不合格，严重错误要具体指出！）	评分
1	准备工作	穿戴劳保用品				
		工具、材料、记录准备				
2	仿真系统中列管式换热器的设备及现场阀门	通过对仿真系统中列管式换热器设备及现场阀门的认识，学习列管式换热器装置仿真操作				
3	认识列管式换热器DCS操作系统	掌握列管式换热器操作仪表、操作流程、操作DCS图				
4	列管式换热器仿真操作训练	掌握开车、停车、正常运行与维护、简单事故处理等相关操作				
5	安全及其他	遵守国家法规或行业企业相关安全规范	安全使用水、电、气，高空作业不伤人、不伤己等安全防范意识、行为			
		是否在规定时间内完成	按时完成工作任务			
合计						

注：任务过程评价表中，工作要点及技术要求可根据实际教学过程进行调整；配分项中每一小项的具体配分根据该项在任务实施过程中的重要程度、任务目标等的不同，自行配分；评价标准项不设统一标准，根据任务实施过程中的需要，综合考虑各方面因素而形成。

任课老师： 年 月 日

二、自我评估与总结

试结合自身任务完成的情况，通过交流讨论等方式学习全面规范地填写本次任务的工作总结。

三、小组评估与总结

课堂笔记

项目3.3　列管式换热器的操作与计算

任务　学习列管式换热器的操作

姓名		班级		建议学时	
所在组		岗位		成绩	

📋 任务描述

一、任务描述

学生在接受老师指定的工作任务后，了解工作场地的环境、设备管理要求，穿戴符合劳保要求，在老师的指导下，进行传热单元的开停车操作并调节各个工艺参数，针对操作中出现的异常情况能够及时发现报告处理，工作完成后按照8S现场管理规范清理场地、归置物品、资料归档，并按照环保规定处置废弃物。

二、具体任务

1. 观察换热器的构成，并简述流程。
2. 进行换热器的开车前准备、开车及运行、停车等操作。
3. 结合查阅的资料，思考针对运行中可能出现的问题，应该制定何种应对措施。
4. 通过测量换热器中热水与冷水的流量与温度，计算换热器的传热速率。
5. 查阅资料，讨论传热的强化方法及在工业上的应用。

能力目标

1. 具备制订工作目标并按计划执行的能力。
2. 能与小组成员协作共同完成任务。
3. 能制定并执行离心泵开停车仿真操作方案；能制定故障应急处理方案。
4. 能够辨识换热装置及流程；能够进行开车前的检查及准备工作。
5. 能够正确操作机泵、蒸汽设备和换热设备，能够正确测量、记录相关数据并进行必要的数据整理；能够根据操作要求，合理调节和控制冷、热流体流量、温度和压力等参数，保证换热过程稳定进行。

6.能够正确进行开、停车操作；能够正确判断操作过程中出现的不正常现象，并能正确处理。

7.能够掌握传热系数的正确计算方法；能够掌握传热的调节控制方法。

8.通过管路连接操作培养认真严谨的态度和吃苦耐劳的精神；具备HSE意识，操作过程及现场符合HSE要求。

任务准备

一、任务确认及本任务安全须知

1.根据岗位需要规范穿好工作服，正确佩戴防护口罩、防护手套、安全帽等。

2.工具（如扳手、螺丝刀）使用前检查规格是否符合要求，切忌蛮力使用。

3.操作电气设备时，注意绝缘防护，避免接触带电部位。

4.使用前需对换热器系统进行漏检，以确保换热器系统的安全；熟悉换热器的性能参数。

5.现场地面液体及时清理，防止滑倒。

6.完成本任务需注意的其他安全事项。

我承诺：我已经知晓本任务及安全须知，将严格遵守并进行操作

承诺人：_____ 时间：_____

二、设备、工具的准备，填写下表

作业单号：　　　　领料部门：　　　　　年　　月　　日

序号	名称	规格	单位	借出时间	借用人签名	归还时间	归还人签名	管理员签名	备注

✱ 任务分析与实施

一、任务分析

在操作换热器前,学员必须了解换热器的部件名称和工作流程,建议按照以下步骤完成相关任务。

1. 画换热器工作实训流程图。

2. 换热实训设备的准备。

3. 换热实训设备基本状态检查。

4. 熟悉换热实训操作规程及注意事项。

5. 分组,由小组长明确每个人的工作,负责现场的8S管理工作;小组组员分工:岗位到人、现场清洁、现场安全、现场劳纪、任务实施过程的记录、小结。

6. 进行相关数据的测量。

二、任务实施

1. 认真观察图3-3,并与实训设备进行对照,指出实训设备中的下列反应器。

①反应釜;②U形管换热器;③浮头换热器;④直列管换热器;⑤套管换热器;⑥螺旋板换热器;⑦薄板换热器;⑧石墨换热器。

2. 画出换热器操作技能训练装置的简单流程图。

图3-3 换热装置

3.写出换热器的检查准备——开车的主要步骤。

步骤	主要内容	注意事项
步骤1		
步骤2		
步骤3		

4.写出换热器停车的主要步骤。

步骤	主要内容	注意事项
步骤1		
步骤2		
步骤3		

5.写出操作换热器中遇到的故障,并写出解决方案。

编号	故障	解决方案
1		
2		
3		

6.根据查阅的资料,思考下列问题。

(1)影响换热器传热速率的因素有哪些?

(2)冷热流体在换热器中的流动方向有哪几种方式,分别应该如何计算其有效温度差?

(3)在工业生产中,有哪些调节传热速率的方法?

任务评价与总结

一、任务过程评价

任务过程评价表

考核项目	评分细则	分值	得分	备注
提问 （10分）	叙述主要设备的名称、位号、作用	3		
	叙述流程	2		
	由题库任意抽取试题5题，每题1分	5		
开车前 准备 （5分）	检查总电源、水源、仪表柜电源，查看电压表、电流表显示（口述）	2		
	检查并确定各阀门状态（口述）并挂牌标识	2		
	检查并清空冷热水罐、管路中的积液（第一组操作，其他组口述即可）	1		
正常开车 （30分）	打开自来水总阀	2		
	打开热水罐电磁阀的前后阀	2		
	DCS上设定液位L2-XA下限为500mm，上限为650mm	2		
	打开冷水罐前后阀，DCS上设定液位L1-XA下限为400mm，上限为650mm	2		
	控制柜上开热水加热器电源开关	2		
	DCS上设定V102热水加热器的温度T2-XA为75℃	2		
	热水罐温度T2-PV达到70℃	2		
	打开套管换热器冷水进口阀	2		
	启动冷水泵P102（启动步骤错误，该项不得分）	2		
	调整转子流量计至$0.2 \sim 1.46 m^3/h$	2		
	T2-PV达到70℃时，打开套管换热器热水进口阀	2		
	启动热水泵P103	2		
	打开套管式换热器放空阀VH505，有水溢出时关闭（若有大量水喷出时，该项不得分）	2		
	打开套管式换热器热回管路放空阀VH504，有水溢出时关闭（若有大量水喷出时，该项不得分）	2		
	打开套管式换热器热回阀门VH503，调整热水转子流量计流量为$0.4 \sim 1.2 m^3/h$	2		

续表

考核项目	评分细则	分值	得分	备注
正常运行 （10分）	检查热水罐液位是否大于500mm	1		
	检查冷水罐液位是否大于400mm	1		
	检查有无"跑、冒、滴、漏"现象并记录	2		
	检查动设备电机温升是否小于70℃	2		
	检查动设备电机振动值是否小于9.76mm/s	2		
	检查转子流量计转子位置是否稳定	2		
记录数据 （5分）	冷热媒介进入套管后开始记录数据，每2分钟记录一次	3		
	判断稳定后，每2分钟记录一次，记3组，判断错误，扣2分	2		
正常停车 （20分）	在DCS系统上关闭V102加热电源	2		
	关闭控制柜加热器电源	2		
	关闭热水泵出口阀	2		
	关闭热水泵P103	2		
	关闭冷水泵出口阀	2		
	关闭冷水泵P102	2		
	关闭控制柜总电源	2		
	将热水罐内热水排空（口述操作）	2		
	将冷水罐内冷水排空（口述操作）	2		
	将所有阀门归位	2		
文明操作 （10分）	实训期间正确佩戴安全帽，无碰头现象发生	2		
	规范开启和关闭现场所有阀门（如用脚开关阀门等）	2		
	文明生产，不损坏现场设备、不踩踏管道	1		
	不倚靠在栏杆及实训设备上	1		
	遵守8S规定，物品摆放整洁	1		
	实训服穿戴规范、整齐	1		
	小组配合良好，沟通顺畅	2		
重大安全事故 （10分）	热水罐液位低限设置小于400（易发生干烧）	5		
	风机进水	5		

任课老师： 　　　　　年 月 日

二、自我评估与总结

试结合自身任务完成的情况,通过交流讨论等方式学习全面规范地填写本次任务的工作总结。

_____
_____
_____

三、小组评估与总结

_____
_____
_____

📝 课堂笔记

项目 4

蒸发装置

任务 1　认识蒸发装置及流程

姓名		建议学时	
所在组		成绩	

📋 任务描述

一、任务描述

学生在接受老师指定的工作任务后，了解工作场地的环境、设备管理要求，穿戴符合劳保要求，在老师的指导下，通过资料查询和蒸发生产实例，掌握蒸发目的及其特点、原理，通过对现场蒸发装置设备及流程的学习与认识，为蒸发生产做好基础准备。工作完成后按照8S现场管理规范清理场地、归置物品、资料归档，并按照环保规定处置废弃物。

二、具体任务

1.识别蒸发装置的主要设备。

2.识别蒸发装置的调节仪表。

3.识别各管线流程。

能力目标

1.具备制订工作目标并按计划执行的能力。

2.能与小组成员协作共同完成任务。

3.通过认识蒸发在工业中的运用，能正确掌握蒸发的定义及用途。

4.通过对蒸发操作实训单元装置或简单蒸发装置的认识，能正确掌握蒸发装置的主体构成及工艺流程。

5.能正确掌握工业生产中蒸发操作的常见工艺类型。

任务准备

一、任务确认及本任务安全须知

1.根据岗位需要规范穿好工作服,正确佩戴防护口罩、防护手套、安全帽等。

2.工具(如扳手、螺丝刀)使用前检查规格是否符合要求,切忌蛮力使用。

3.操作电气设备时,注意绝缘防护,避免接触带电部位。

4.掌握蒸发装置内部构件使用完毕后要摆放规整。

5.及时清理地面液体,严防滑倒;严防烫伤及机械伤害,严格按照操作规程要求检查。

6.完成本任务需注意的其他安全事项。

我承诺:我已经知晓本任务及安全须知,将严格遵守并进行操作

承诺人:_____ 时间:_____

二、设备、工具的准备,填写下表

作业单号:　　　　　领料部门:　　　　　年　　月　　日

序号	名称	规格	单位	借出时间	借用人签名	归还时间	归还人签名	管理员签名	备注

任务分析与实施

一、任务分析

在认识蒸发装置及工艺流程前,学员必须掌握蒸发的目的及其特点、原理及工业运用,建议按照以下步骤完成相关任务。

1.查阅相关书籍和资料,了解蒸发操作在化工生产中的应用、特点、类别及蒸发的流程。

2.在实训现场,认识蒸发装置的主要构成及工艺流程,各管线物料走向。

二、任务实施

1. 查阅相关资料，列举生产和生活中至少三个蒸发的运用实例，并指出这些实例中运用蒸发的目的。

序号	实例	运用蒸发的目的
1		
2		
3		
4		
5		
…		

2. 在实训现场，结合装置操作规程与工艺流程图，识别蒸发装置主要设备构成，完成下表。

设备名称	位号	设备作用

3. 对照PID图，找出本蒸发装置的各类仪表和监测器，并明确其位号、监测点，然后完成下表。

位号	仪表或监测类型	监测工艺点

4. 对照装置操作规程，通过现场巡查，摸清楚各管线的物料流向，并做好

记录。

（1）理清物料流程。

（2）对照物料流程理清蒸汽及冷凝水流程。

5.结合以上学习，画出实训蒸发装置的PID图。

任务评价与总结

一、任务过程评价

任务过程评价表

任务名称		认识蒸发装置及流程		评价	
序号	工作步骤	工作要点及技术要求	配分	评价标准	评价结论（合格、基本合格、不合格，严重错误要具体指出！）	评分
1	准备工作	正确穿戴劳保用品（服装、安全帽等）	5	不符合要求扣6分		
		工具、材料、记录准备	5	选择正确与否扣1~5分		
2	识别蒸发装置主要设备	准确识别装置的主体设备名称（蒸发器、冷凝器、真空装置等）	4	描述准确与否扣1~2分		
		准确记录各主体设备的位号	6	是否有漏项扣相应分		
		准确描述各主体设备的作用	10	是否有漏项扣相应分		

续表

任务名称		认识蒸发装置及流程		评价		
序号	工作步骤	工作要点及技术要求	配分	评价标准	评价结论（合格、基本合格、不合格，严重错误要具体指出！）	评分
3	识别各调节仪表	准备识别各仪表类型	4	仪表类型错误扣1分/个；仪表位号错误扣1分/个；检测器位号错误扣1分/个；作用描述错误扣2分/个		
		明确各仪表的位号	8			
		识别检测器位号	8			
		明确仪表和检测器的监测位置和作用	10			
4	识别各管线流程	理清蒸汽、二次蒸汽的流程	10	流程是否正确，控制节点是否清楚；扣相应的分值		
		理清物料的流程	10			
		绘制带控制节点的流程图	10			
5	安全及其他	遵守国家法规或企业相关安全规范	安全使用水、电、气，高空作业不伤人、不伤己等安全防范意识、行为	5	违规一次扣2分，严重违规停止操作	
		是否在规定时间内完成	按时完成工作任务	5	超时1小时扣总分5分，超时2小时停止操作	
		合计		100		

注：任务过程评价表中，工作要点及技术要求可根据实际教学过程进行调整；配分项中每一小项的具体配分根据该项在任务实施过程中的重要程度、任务目标等的不同，自行配分；评价标准项不设统一标准，根据任务实施过程中的需要，综合考虑各方面因素而形成。

任课老师： 　　　年 月 日

二、自我评估与总结

试结合自身任务完成的情况，通过交流讨论等方式学习全面规范地填写本次任务的工作总结。

_____
_____
_____
_____
_____
_____

三、小组评估与总结

课堂笔记

任务2　认识典型的蒸发设备

姓名		班级		建议学时	
所在组		岗位		成绩	

📋 任务描述

一、任务描述

学生在接受老师指定的工作任务后，了解工作场地的环境、设备管理要求，穿戴符合劳保要求，在老师的指导下，通过现场实物观察，认识蒸发器及其辅助设备的结构、掌握蒸发器的原理，并通过资料查找和三维动画观看等方式，认识各类典型的蒸发器，为后续蒸发操作和设备的维护、保养与选型打下坚实基础。工作完成后按照8S现场管理规范清理场地、归置物品、资料归档，并按照环保规定处置废弃物。

二、具体任务

1. 认识现场蒸发器的主要结构，叙述蒸发原理。
2. 认识蒸发辅助设备，知晓其作用。
3. 查找资料、学习其他典型蒸发器的结构及特点。

能力目标

1. 具备制订工作目标并按计划执行的能力。
2. 能与小组成员协作共同完成任务。
3. 能正确掌握主要蒸发器的结构及工作原理。
4. 能正确掌握蒸发器的辅助设备及作用。
5. 能根据不同蒸发器的特点，会初步选择蒸发器。

🌀 任务准备

一、任务确认及本任务安全须知

1. 根据岗位需要规范穿好工作服，正确佩戴防护口罩、防护手套、安全帽等。
2. 工具（如扳手、螺丝刀）使用前检查规格是否符合要求，切忌蛮力使用。

3.操作电气设备时,注意绝缘防护,避免接触带电部位。

4.蒸发器及其内部构件使用完毕后要摆放规整。

5.及时清理地面液体,严防滑倒;严防烫伤及机械伤害,严格按照操作规程要求检查。

6.完成本任务需注意的其他安全事项。

我承诺:我已经知晓本任务及安全须知,将严格遵守并进行操作

承诺人:_____ 时间:_____

二、设备、工具的准备,填写下表

作业单号:　　　　领料部门:　　　　　　年　　月　　日

序号	名称	规格	单位	借出时间	借用人签名	归还时间	归还人签名	管理员签名	备注

任务分析与实施

一、任务分析

蒸发器的种类很多,其结构和原理也各有区别,学习各种典型蒸发器的结构和原理,知晓其辅助设备的作用,就能理解各型蒸发器的应用场合,加深理解蒸发器对蒸发过程的作用。建议按照以下步骤完成相关任务。

1.以实训现场的蒸发装置为对象,完成蒸发器结构、原理,辅助设备及作用的认识。

2.通过资料查找、图片及三维动画的观看,认识其他典型蒸发器的结构、原理及特点。

二、任务实施

1.通过实训场地观察蒸发装置的蒸发器,然后查阅资料,写出图4-1中各数字对应的结构。

图4-1 蒸发器的结构

1是_____；2是_____；3是_____；
4是_____；5是_____；6是_____；
7是_____；8是_____；9是_____。

2.认识蒸发装置的辅助设备，并填表。

辅助设备	作用
分离器	
除沫器	
冷凝器	
真空装置	

3.简述中央循环蒸发器的原理及特点。

4.分小组查找资料，观看动画素材，学习各典型蒸发器的结构和原理，并完成下表。

蒸发器名称	分类	结构特点	适用场合
外加热式蒸发器	循环型		
强制循环式			
悬框式蒸发器			
升膜式蒸发器	单程型		
降膜式蒸发器			
刮板薄膜式蒸发器			

任务评价与总结

一、任务过程评价

任务过程评价表

任务名称		认识典型的蒸发设备		评价		
序号	工作步骤	工作要点及技术要求	配分	评价标准	评价结论（合格、基本合格、不合格，严重错误要具体指出！）	评分
1	准备工作	正确穿戴劳保用品（服装、安全帽等）	5	不符合要求扣6分		
		工具、材料、记录准备	5	选择正确与否扣1～5分		
2	开车检查	认识蒸发器主体结构的构成（加热室、蒸发室、循环管等）	10	描述准确与否扣1～2分		
		认识蒸发设备物料与加热介质的接口	10	是否有漏项扣相应分		
		认识蒸发器上的检查仪表和阀门	10	是否有漏项扣相应分		
3	认识蒸发器的辅助设备	认识除沫器的结构和作用	5	辅助设备的结构和作用描述错误扣相应的分值		
		认识冷凝器的结构和作用	5			
		认识真空装置	5			
		认识冷凝配水器	5			
4	认识蒸发设备的原理和特点	认识蒸发设备的种类	10	原理和特点描述错误扣相应的分值		
		认识各蒸发设备的原理和特点	10			
		能选择蒸发设备	10			

续表

任务名称		认识典型的蒸发设备		评价		
序号	工作步骤	工作要点及技术要求	配分	评价标准	评价结论（合格、基本合格、不合格，严重错误要具体指出！）	评分
5	安全及其他	遵守国家法规或企业相关安全规范	安全使用水、电、气，高空作业不伤人、不伤己等安全防范意识、行为	5	违规一次扣2分，严重违规停止操作	
		是否在规定时间内完成	按时完成工作任务	5	超时1小时扣总分5分，超时2小时停止操作	
合计			100			

注：任务过程评价表中，工作要点及技术要求可根据实际教学过程进行调整；配分项中每一小项的具体配分根据该项在任务实施过程中的重要程度、任务目标等的不同，自行配分；评价标准项不设统一标准，根据任务实施过程中的需要，综合考虑各方面因素而形成。

任课老师：　　　　　年　月　日

二、自我评估与总结

试结合自身任务完成的情况，通过交流讨论等方式学习全面规范地填写本次任务的工作总结。

_____
_____
_____
_____
_____
_____

三、小组评估与总结

_____
_____
_____
_____
_____
_____

课堂笔记

任务3　蒸发装置的开停车操作

姓名		班级		建议学时	
所在组		岗位		成绩	

📋 任务描述

一、任务描述

以小组为单位，按照实训场地规章制度要求，做好准备。根据划分岗位，按照操作规程要求，依次完成对蒸发装置的开车检查、物料准备、开车、正常运行和正常停车操作，工作完成后按照8S现场管理规范清理场地、归置物品、资料归档，并按照环保规定处置废弃物。熟练掌握相关技能后，小组成员互换轮岗。

二、具体任务

1. 正确规范操作蒸发装置，实现系统开车。
2. 分析处理生产过程中的异常现象，维持生产稳定运行，完成生产任务。
3. 生产完成后，对蒸发装置进行正常停车。

能力目标

1. 具备制订工作目标并按计划执行的能力。
2. 能与小组成员协作共同完成任务。
3. 能制定并执行蒸发装置开停车操作方案；能制定故障应急处理方案。
4. 能正确操作蒸发装置；能正确判断蒸发装置各种事故并进行应急处理。
5. 通过蒸发装置操作培养认真严谨的态度和吃苦耐劳的精神。
6. 会蒸发过程的基本计算方法，会计算蒸发量、蒸汽消耗量和蒸发效率。
7. 具备HSE意识，操作过程及现场符合HSE要求。

🌀 任务准备

一、任务确认及本任务安全须知

1. 根据岗位需要规范穿好工作服，正确佩戴防护口罩、防护手套、安全帽等。

2.工具（如扳手、螺丝刀）使用前检查规格是否符合要求，切忌蛮力使用。

3.操作电气设备时，注意绝缘防护，避免接触带电部位。

4.严格进行开车前相关安全检查，如对蒸发装置的管路、蒸发器、阀门、视镜玻璃、仪表等的安全检查。

5.及时清理地面液体，严防滑倒；严防热液、热蒸汽烫伤及机械伤害，严格按照操作规程要求检查。

6.完成本任务需注意的其他安全事项。

我承诺：我已经知晓本任务及安全须知，将严格遵守并进行操作

承诺人：＿＿＿＿＿＿　　时间：＿＿＿＿＿＿

二、设备、工具的准备，填写下表

作业单号：　　　　领料部门：　　　　　年　　月　　日

序号	名称	规格	单位	借出时间	借用人签名	归还时间	归还人签名	管理员签名	备注

✳ 任务分析与实施

一、任务分析

本任务是以实际的生产任务为驱动，小组成员对应各自岗位操作员，按照生产规程完成对原料的蒸发浓缩。通过对蒸发装置进行开车检查、正常开车、正常运行、正常停车等四个环节的完整操作，学习和训练现场工控岗位、化工仪表岗位、远程控制岗位的生产技能。建议按以下步骤完成。

1.小组共同熟悉场地、装置及生产操作任务及安全操作规程，然后进行岗位划分，明确岗位职责，共同讨论制定生产方案。

2.按照生产规范要求,规范进行开车准备、开车、正常运行、正常停车及后处理,并做好生产记录。

3.讨论、总结生产操作过程中的不足,制定改进措施或列出注意事项。

二、任务实施

1.熟读蒸发操作规程,明确生产任务和各工艺控制指标。

(1)本次生产原料组成:_____,浓度为:_____。

(2)熟悉各项工艺指标,完成下表的填写。

工艺指标		参数值(范围)
压力控制	系统真空度	
温度控制	加热器出口温度	
	蒸发器顶部物料温度	
	冷却器出口液体温度	
流量控制	物料进料流量	
	冷却器冷却水流量	
液位控制	原料罐液位	
	冷凝罐液位	

注:如果以上工艺指标有位号,请在参数值前注明对应位号。

2.列举开车检查对象,逐一进行开车检查并记录检查情况。

序号	检查要点	检查情况	检查者
1			
2			
3			
4			
5			
…			

3.按照操作规程进行蒸发的开车、正常运行和正常停车,并做好记录。

序号	时间	加热蒸汽开度/%	加热器出口温度/℃	系统压力/kPa	蒸发器出口温度/℃	进料流量/(L/h)	二次蒸汽温度/℃	冷凝液温度/℃	冷却水流量/(L/h)	原料罐液位/mm	冷凝液罐液位/mm
1											
2											
3											
4											
5											
6											
原料浓度						产品浓度					
异常情况记录											
操作人						操作日期					

任务评价与总结

一、任务过程评价

任务过程评价表

任务名称		蒸发装置的开停车操作		评价	
序号	工作步骤	工作要点及技术要求	配分	评价标准	评价结论（合格、基本合格、不合格，严重错误要具体指出！）	评分
1	入场准备	正确穿戴劳保用品（服装、安全帽等）	5	不符合要求扣5分		
		工具、材料、记录准备	5	选择正确与否扣1～5分		
2	开车检查	（1）为确保开机生产安全，各效罐在启用前应给汽鼓、汽室试水压，确认无漏才能投入使用	2	是否漏检，1～3、5、6漏检一项扣除全部分值，4项漏检一处扣2分		
		（2）认真检查加热室是否有水，避免在通入蒸汽时剧热，或水击引起蒸发器的整体剧振	2			
		（3）检查蒸发器玻璃视镜，如有破裂应立即更换	2			
		（4）检查各效罐的物料、蒸汽和水等管道，阀门开关是否灵活，调节好启用罐阀门	10			
		（5）开启废汽管疏水阀	2			
		（6）检查冷凝器用水供给是否正常，并检查真空管路，无异常情况即可准备开机	2			

续表

任务名称		蒸发装置的开停车操作		评价		
序号	工作步骤	工作要点及技术要求		配分	评价标准	评价结论（合格、基本合格、不合格，严重错误要具体指出！）	评分
3	正常开车	（1）进料	按照操作规程要求，依次开启物料管出口阀、输送泵、进料阀，向蒸发器送入规定液位的物料	5	根据是否符合操作规程扣除相应分值，严重违规扣除全部分值		
		（2）启动加热蒸汽和冷凝水系统	微微打开蒸发器蒸汽调节阀，略开壳程放空阀，当有不凝气体或蒸汽排除时，关闭放空阀，同时开启冷凝水出口阀，将冷凝水排至冷凝液接受槽；逐渐加大蒸汽调节阀至规定值，设为自动	5	根据是否符合操作规程扣除相应分值，严重违规扣除全部分值		
		（3）启动真空系统	根据工艺要求，开启真空泵	5	根据是否符合操作规程扣除相应分值，严重违规扣除全部分值		
4	正常运行	（1）记录相关数据	进料量、出料量、蒸汽量、冷凝水用量、蒸发器压力等数据	10	漏记1项扣2分，0分为止		
		（2）维持正常运行	保持蒸发器压力（真空度）稳定；保持蒸发器液面稳定；保持各种阀门稳定；保持进汽稳定；保持抽汽器稳定；做好相关设备运行记录	12	整个过程中无巡视、无运行记录行为各扣2分		
5	正常停车		当原料全部进入蒸发器后，关闭蒸汽阀和进料阀，并开大出料阀；停用冷凝水，打开蒸发器放空阀解除真空；最后将蒸发器残余原料液排至下一工序；待残余料液排完后，用清水清洗蒸发器并排走	10	违规1项扣2分，严重违规扣5分，总分可为负分！		
6	异常停车	在蒸发过程中如出现物料、蒸汽外泄，管路阀门堵塞，蒸发器视镜破裂等情况时，需紧急停车	（1）用最快方式切断加热蒸汽，避免料液温度过高	15	出现异常须及时报告，不报告私自处理扣8分！		
			（2）在停止进料安全的情况下，用最快的方式停止进料				
			（3）在破坏真空的安全条件下，打开放空阀，打破真空，停止蒸发操作				
			（4）小心清理热物料，避免造成伤亡事故				

续表

任务名称		蒸发装置的开停车操作		评价		
序号	工作步骤	工作要点及技术要求	配分	评价标准	评价结论（合格、基本合格、不合格，严重错误要具体指出！）	评分
7	安全及其他	遵守国家法规或企业相关安全规范 / 安全使用水、电、气、高空作业不伤人、不伤己等安全防范意识、行为	5	违规一次扣5分，严重违规停止操作		
		是否在规定时间内完成 / 按时完成工作任务	3	超时1小时扣总分5分，超时2小时停止操作		
		合计	100			

注：任务过程评价表中，工作要点及技术要求可根据实际教学过程进行调整；配分项中每一小项的具体配分根据该项在任务实施过程中的重要程度、任务目标等的不同，自行配分；评价标准项不设统一标准，根据任务实施过程中的需要，综合考虑各方面因素而形成。

任课老师： 　　　年 月 日

二、自我评估与总结

试结合自身任务完成的情况，通过交流讨论等方式学习全面规范地填写本次任务的工作总结。

_____

_____

三、小组评估与总结

_____

_____

✎ 课堂笔记

项目 5

吸收装置

项目 5.1 认识填料吸收塔

任务 1 认识吸收过程

姓名		班级		建议学时	
所在组		岗位		成绩	

任务描述

一、任务描述

学生在接受老师指定的工作任务后,了解工作场地的环境、设备管理要求,穿戴符合劳保要求,在老师的指导下,通过资料查询和吸收解吸生产实例,学习不同的吸收流程。

工作完成后按照8S现场管理规范清理场地、归置物品、资料归档,并按照环保规定处置废弃物。

二、具体任务

1.认识吸收塔、解吸塔。

2.认识工业生产中的吸收过程。

3.了解吸收过程中不同换热器的作用。

4.总结吸收过程进行的条件。

能力目标

1.具备制订工作目标并按计划执行的能力。

2.能与小组成员协作共同完成任务。

3.通过对工业生产中不同吸收过程的认识,能正确掌握吸收过程的操作条件。

4.能绘制简单的吸收流程及吸收解吸联合流程。

任务准备

一、任务确认及本任务安全须知

1.根据岗位需要规范穿好工作服,正确佩戴防护口罩、防护手套、安全帽等。

2.工具(如扳手、螺丝刀)使用前检查规格是否符合要求,切忌蛮力使用。

3.操作电气设备时,注意绝缘防护,避免接触带电部位。

4.吸收塔、解吸塔及换热器内部构件使用完毕后要摆放规整。

5.及时清理地面液体,严防滑倒;严防烫伤及机械伤害,严格按照操作规程要求检查。

6.完成本任务需注意的其他安全事项。

我承诺:我已经知晓本任务及安全须知,将严格遵守并进行操作

承诺人:＿＿＿＿＿＿＿＿ 时间:＿＿＿＿＿＿＿＿

二、设备、工具的准备,填写下表

作业单号:　　　　领料部门:　　　　　　年　　月　　日

序号	名称	规格	单位	借出时间	借用人签名	归还时间	归还人签名	管理员签名	备注

任务分析与实施

一、任务分析

在学习吸收过程前,学生必须掌握吸收解吸的依据、目的、流程等,建议按照以下步骤完成相关任务。

1.查阅相关书籍和资料,了解吸收操作在化工生产中的应用。

2.查阅相关书籍和资料,掌握吸收的目的及其原理,了解为什么要对吸收液进行解吸。

二、任务实施

1.认识工业生产上的吸收过程。

(1)画出吸收过程的流程图,并标明各设备的名称。

(2)画出带有吸收剂再生的吸收过程的流程图。

(3)画出两塔串联的吸收过程的流程图。

(4)画出吸收解吸联合流程图。

2.写出吸收、解吸过程的条件,说明吸收解吸过程中各换热器的作用。

任务评价与总结

一、任务过程评价

任务过程评价表

任务名称		认识吸收过程		评价		
序号	工作步骤	工作要点及技术要求	配分	评价标准	评价结论(合格、基本合格、不合格,严重错误要具体指出!)	评分
1	准备工作	穿戴劳保用品				
		工具、材料、记录准备				
2	认识吸收过程	认识吸收塔、解吸塔				
		认识工业生产中的吸收过程				
		认识吸收过程中的换热器及各个换热器的作用				
		总结归纳出吸收操作的条件				

续表

序号	任务名称	认识吸收过程		配分	评价		评分
	工作步骤	工作要点及技术要求			评价标准	评价结论(合格、基本合格、不合格,严重错误要具体指出!)	
3	文明操作	安全、文明作业,各种工具摆放整齐、用完整理归位					
4	安全及其他	遵守国家法规或企业相关安全规范	安全使用水、电、气,高空作业不伤人、不伤己等安全防范意识、行为				
		是否在规定时间内完成					
		合计					

注:任务过程评价表中,工作要点及技术要求可根据实际教学过程进行调整;配分项中每一小项的具体配分根据该项在任务实施过程中的重要程度、任务目标等的不同,自行配分;评价标准项不设统一标准,根据任务实施过程中的需要,综合考虑各方面因素而形成。

任课老师:　　　　　年　月　日

二、自我评估与总结

试结合自身任务完成的情况,通过交流讨论等方式学习全面规范地填写本次任务的工作总结。

三、小组评估与总结

课堂笔记

任务2　认识各种吸收设备

姓名		班级		建议学时	
所在组		岗位		成绩	

📋 任务描述

一、任务描述

学生在接受老师指定的工作任务后，了解工作场地的环境、设备管理要求，穿戴符合劳保要求，在老师的指导下，通过资料查询和吸收生产实例，认识填料吸收塔及不同类型的填料，掌握吸收操作的目的及其特点、原理，为吸收生产做好理论准备。

工作完成后按照8S现场管理规范清理场地、归置物品、资料归档，并按照环保规定处置废弃物。

二、具体任务

1. 认识填料吸收塔。
2. 认识不同类型的填料，了解填料的堆砌方式及装填方法。
3. 认识不同类型的吸收设备。

能力目标

1. 具备制订工作目标并按计划执行的能力。
2. 能与小组成员协作共同完成任务。
3. 通过对工业生产中不同吸收装置的认识，能正确掌握填料吸收塔的基本结构、工作原理及特点。
4. 能正确认识不同类型的填料，掌握填料的堆砌方式及装填方法。
5. 能正确掌握吸收解吸的原理。

🔧 任务准备

一、任务确认及本任务安全须知

1. 根据岗位需要规范穿好工作服，正确佩戴防护口罩、防护手套、安全帽等。
2. 工具（如扳手、螺丝刀）使用前检查规格是否符合要求，切忌蛮力使用。
3. 操作电气设备时，注意绝缘防护，避免接触带电部位。
4. 吸收塔内部构件使用完毕后要摆放规整。

5.及时清理地面液体，严防滑倒；严防烫伤及机械伤害，严格按照操作规程要求检查。

6.完成本任务需注意的其他安全事项。

我承诺：我已经知晓本任务及安全须知，将严格遵守并进行操作

承诺人：_____ 时间：_____

二、设备、工具的准备，填写下表

作业单号：　　　　领料部门：　　　　　年　　月　　日

序号	名称	规格	单位	借出时间	借用人签名	归还时间	归还人签名	管理员签名	备注

✵ 任务分析与实施

一、任务分析

在对吸收解吸进行操作前，学员必须掌握吸收解吸的目的、原理、特点等，建议按照以下步骤完成相关任务。

1.查阅相关书籍和资料，认识填料吸收塔的结构。

2.查阅相关书籍和资料，认识不同类型的填料（包括近些年研制出的新型填料）。

3.查阅相关书籍和资料，认识不同类型的吸收设备。

二、任务实施

1.认识填料塔的结构

请在下表中写出填料塔主体结构及其内部构件的名称及作用。

序号	名称	作用	备注
1			
2			
3			
4			
5			
6			

续表

序号	名称	作用	备注
7			
8			
9			
10			
11			

2.认识各种类型的填料

（1）工业上常见的填料有哪些类型？各有什么优缺点？

_____

_____

（2）填料的堆砌方式有哪些？分别在什么情况下使用？

_____

_____

（3）作为吸收过程的填料必须具备哪些条件？

_____

_____

3.工业生产上常见的吸收设备有哪些？各有什么优缺点？

_____

_____

任务评价与总结

一、任务过程评价

任务过程评价表

任务名称		认识各种吸收设备		评价		
序号	工作步骤	工作要点及技术要求	配分	评价标准	评价结论（合格、基本合格、不合格，严重错误要具体指出！）	评分
1	准备工作	穿戴劳保用品				
		工具、材料、记录准备				
2	认识填料吸收塔	认识填料吸收塔				
		认识不同类型的填料				
		了解填料在塔内的堆积方式				

续表

序号	任务名称	认识各种吸收设备		评价		
	工作步骤	工作要点及技术要求	配分	评价标准	评价结论（合格、基本合格、不合格，严重错误要具体指出！）	评分
3	认识不同的吸收设备	认识表面吸收器				
		认识喷洒式吸收器				
		认识湍球塔				
4	文明操作	安全、文明使用各种工具，摆放整齐，用完整理归位				
5	安全及其他	遵守国家法规或企业相关安全规范	安全使用水、电、气，高空作业不伤人、不伤己等安全防范意识、行为			
		是否在规定时间内完成				
合计						

注：任务过程评价表中，工作要点及技术要求可根据实际教学过程进行调整；配分项中每一小项的具体配分根据该项在任务实施过程中的重要程度、任务目标等的不同，自行配分；评价标准项不设统一标准，根据任务实施过程中的需要，综合考虑各方面因素而形成。

任课老师： 　　　　年　月　日

二、自我评估与总结

试结合自身任务完成的情况，通过交流讨论等方式学习全面规范地填写本次任务的工作总结。

三、小组评估与总结

📝 课堂笔记

项目 5.2　操作连续吸收解吸装置

任务 1　认识吸收解吸装置

姓名		班级		建议学时	
所在组		岗位		成绩	

📋 任务描述

一、任务描述

学生在接受老师指定的工作任务后,了解工作场地的环境、设备管理要求,穿戴符合劳保要求,在老师的指导下,通过资料查询,认识吸收解吸装置的工艺流程,能熟练叙述且能绘制出简单的工艺流程图。

认识吸收解吸装置中各类设备、阀门,了解其作用。工作完成后按照8S现场管理规范清理场地、归置物品、资料归档,并按照环保规定处置废弃物。

二、具体任务

1. 认识吸收解吸装置的工艺流程,能熟练叙述且能绘制出简单的工艺流程图。
2. 认识吸收解吸装置中各类设备的名称及其作用。
3. 认识不同类型的阀门及其作用。

能力目标

1. 具备制订工作目标并按计划执行的能力。
2. 能与小组成员协作共同完成任务。
3. 通过对工业生产中不同吸收装置的认识,能正确掌握吸收解吸的工艺流程,能熟练叙述且能绘制出简单的工艺流程图。
4. 能正确掌握吸收解吸装置中各类设备的名称及其作用。
5. 能正确认识吸收解吸装置中不同类型的阀门及其作用。

🌀 任务准备

一、任务确认及本任务安全须知

1. 根据岗位需要规范穿好工作服,正确佩戴防护口罩、防护手套、安全帽等。

2.工具（如扳手、螺丝刀）使用前检查规格是否符合要求，切忌蛮力使用。

3.操作电气设备时，注意绝缘防护，避免接触带电部位。

4.吸收解吸装置内部构件使用完毕后要摆放规整。

5.及时清理地面液体，严防滑倒；严防烫伤及机械伤害，严格按照操作规程要求检查。

6.完成本任务需注意的其他安全事项。

我承诺：我已经知晓本任务及安全须知，将严格遵守并进行操作

承诺人：_____ 时间：_____

二、设备、工具的准备，填写下表

作业单号：　　　　领料部门：　　　　　　年　　月　　日

序号	名称	规格	单位	借出时间	借用人签名	归还时间	归还人签名	管理员签名	备注

❄ 任务分析与实施

一、任务分析

在对吸收解吸进行操作前，学员必须认识吸收解吸装置的工艺流程，认识流程中各类设备及阀门。建议按照以下步骤完成相关任务。

1.查阅相关书籍和资料，了解吸收解吸装置的工艺流程。

2.查阅相关书籍和资料，认识各类不同设备及阀门。

二、任务实施

1.写出吸收解吸流程中各类设备的名称。

请在下表中写出吸收解吸装置中各类设备的名称。

序号	名称	备注
1		塔设备
2		
3		罐类设备
4		
5		
6		
7		
8		动力设备
9		
10		
11		

2.请根据教材中的流程图写出吸收解吸过程的详细流程。

吸收过程流程：

_____

_____

解吸过程流程：

_____

_____

_____

3.请绘制出吸收解吸的工艺流程图。

任务评价与总结

一、任务过程评价

任务过程评价表

任务名称		认识吸收解吸装置		评价		
序号	工作步骤	工作要点及技术要求	配分	评价标准	评价结论（合格、基本合格、不合格，严重错误要具体指出！）	评分
1	准备工作	穿戴劳保用品				
		工具、材料、记录准备				
2	认识吸收解吸装置的工艺流程	认识吸收过程的流程				
		认识解吸过程的流程				
		能熟练叙述吸收解吸的流程				
		能根据实训情况说明吸收解吸的原理				
3	认识不同的设备及阀门	认识罐类设备、泵及风机				
		认识吸收塔、解吸塔及塔内填料				
		认识各个不同类型的阀门				
4	文明操作	安全、文明作业，各种工具摆放整齐，用完整理归位				
5	安全及其他	遵守国家法规或企业相关安全规范	安全使用水、电、气，高空作业不伤人、不伤己等安全防范意识、行为			
		是否在规定时间内完成				
		合计				

注：任务过程评价表中，工作要点及技术要求可根据实际教学过程进行调整；配分项中每一小项的具体配分根据该项在任务实施过程中的重要程度、任务目标等的不同，自行配分；评价标准项不设统一标准，根据任务实施过程中的需要，综合考虑各方面因素而形成。

任课老师： 年 月 日

二、自我评估与总结

试结合自身任务完成的情况,通过交流讨论等方式学习全面规范地填写本次任务的工作总结。

三、小组评估与总结

课堂笔记

任务2　学习连续吸收解吸装置操作过程

姓名		班级		建议学时	
所在组		岗位		成绩	

📋 任务描述

一、任务描述

学生在接受老师指定的工作任务后，了解工作场地的环境、设备管理要求，穿戴符合劳保要求，在老师的指导下，通过资料查询，熟练掌握吸收解吸操作过程的开停车操作步骤；在操作过程中出现事故要能够正确、及时判断并进行处理；工作完成后按照8S现场管理规范清理场地、归置物品、资料归档，并按照环保规定处置废弃物。

二、具体任务

1. 开车前准备工作。
2. 开、停车工作。
3. 正常操作及正常运行过程中的事故处理。
4. 正确进行数据的记录及处理工作。
5. 设备维护及工业卫生和劳动保护。

能力目标

1. 具备制订工作目标并按计划执行的能力。
2. 能与小组成员协作共同完成任务。
3. 能制定并执行吸收解吸装置操作方案；能制定故障应急处理方案。
4. 能熟练掌握开停车操作、正常工况维持；能正确判断离心泵各种事故并进行应急处理。
5. 能对操作过程中的数据进行正确记录及处理。
6. 通过管路连接操作培养认真严谨的态度和吃苦耐劳的精神。
7. 具备HSE意识，操作过程及现场符合HSE要求。

🌀 任务准备

一、任务确认及本任务安全须知

1. 根据岗位需要规范穿好工作服,正确佩戴防护口罩、防护手套、安全帽等。

2. 工具(如扳手、螺丝刀)使用前检查规格是否符合要求,切忌蛮力使用。

3. 操作电气设备时,注意绝缘防护,避免接触带电部位。

4. 安全生产,如注意系统吸收液量(防止跑、冒、滴、漏)、压力值;注意泵的密封与泄漏。

5. 及时清理地面液体,严防滑倒;严防烫伤及机械伤害,严格按照操作规程要求检查。

6. 完成本任务需注意的其他安全事项。

我承诺:我已经知晓本任务及安全须知,将严格遵守并进行操作

承诺人:_____ 时间:_____

二、设备、工具的准备,填写下表

作业单号:　　　　领料部门:　　　　　　年　　月　　日

序号	名称	规格	单位	借出时间	借用人签名	归还时间	归还人签名	管理员签名	备注

✳ 任务分析与实施

一、任务分析

在对吸收解吸进行操作前,必须熟练掌握各个操作步骤。建议按照以下步骤完成相关任务:

1. 查阅相关书籍和资料,掌握开停车的操作步骤,结合现场设备多次模拟

操作；

2.查阅相关书籍和资料，掌握操作过程中可能出现的事故，并对这些事故出现的情况进行描述，写出处理这些事故的方法。

二、任务实施

1.写出开车前的准备工作。

_____

_____

_____

2.写出开车步骤。

_____

_____

_____

3.写出停车步骤。

_____

_____

_____

4.填写填料吸收塔在操作过程中常见异常现象发生的原因及处理方法。

填料吸收塔常见的异常现象	发生原因	处理方法
出塔气体中吸收质含量过高		
出塔气带液		
吸收剂用量突然降低		
塔内压差过大		
吸收塔液位波动		
风机有异声		

5.至少写出两个故障的名称，并说明如何能够及时发现这些事故及事故出现时正确的处理方法。

_____

_____

_____

_____

任务评价与总结

一、任务过程评价

任务过程评价表

任务名称		学习连续吸收解吸装置操作过程		评价		
序号	工作步骤	工作要点及技术要求	配分	评价标准	评价结论(合格、基本合格、不合格,严重错误要具体指出!)	评分
1	准备工作	穿戴劳保用品				
		工具、材料、记录准备				
2	开车前准备工作	对整套装置进行检查				
		对仪表、设备、阀门的检查				
		水、电的检查				
3	开、停车操作	能正确进行开车、停车操作				
		能进行正常停车及紧急停车操作				
4	正常操作及正常运行过程中的事故处理	能正确有效地对吸收解吸过程进行操作				
		能对出现的意外事故进行正确的判断并进行正确处理				
5	数据记录及处理	能正确、规范、如实地记录操作过程中的数据				
		能对记录的数据进行正确处理				
6	文明操作	安全、文明作业,各种工具摆放整齐,用完整理归位				
7	安全及其他	遵守国家法规或企业相关安全规范	安全使用水、电、气,高空作业不伤人、不伤己等安全防范意识、行为			
		是否在规定时间内完成				
合计						

注:任务过程评价表中,工作要点及技术要求可根据实际教学过程进行调整;配分项中每一小项的具体配分根据该项在任务实施过程中的重要程度、任务目标等的不同,自行配分;评价标准项不设统一标准,根据任务实施过程中的需要,综合考虑各方面因素而形成。

任课老师:　　　　年　月　日

二、自我评估与总结

试结合自身任务完成的情况,通过交流讨论等方式学习全面规范地填写本次任务的工作总结。

三、小组评估与总结

课堂笔记

任务3　学习吸收过程运行状况

姓名		班级		建议学时	
所在组		岗位		成绩	

📋 任务描述

一、任务描述

学生在接受老师指定的工作任务后，了解工作场地的环境、设备管理要求，穿戴符合劳保要求，在老师的指导下，通过资料查询，熟练掌握吸收解吸操作过程的开停车操作步骤；在操作过程中出现事故要能够正确、及时判断并进行处理；工作完成后按照8S现场管理规范清理场地、归置物品、资料归档，并按照环保规定处置废弃物。

二、具体任务

1.通过学习，了解吸收过程的运行状况。

2.深入了解影响吸收速率的因素。

能力目标

1.具备制订工作目标并按计划执行的能力。

2.能与小组成员协作共同完成任务。

3.能正确掌握吸收过程的运行状况。

4.能正确掌握影响吸收速率的因素。

5.能正确选择吸收剂。

🔧 任务准备

一、任务确认及本任务安全须知

1.根据岗位需要规范穿好工作服，正确佩戴防护口罩、防护手套、安全帽等。

2.工具（如扳手、螺丝刀）使用前检查规格是否符合要求，切忌蛮力使用。

3.操作电气设备时，注意绝缘防护，避免接触带电部位。

4.及时清理地面液体，严防滑倒；严防烫伤及机械伤害，严格按照操作规程要求检查。

  5.完成本任务需注意的其他安全事项。

     我承诺：我已经知晓本任务及安全须知，将严格遵守并进行操作
        承诺人：_____ 时间：_____

  二、设备、工具的准备，填写下表

作业单号：   领料部门：   年 月 日

序号	名称	规格	单位	借出时间	借用人签名	归还时间	归还人签名	管理员签名	备注

任务分析与实施

  一、任务分析

  在对吸收解吸进行操作前，必须熟练掌握各个操作步骤。建议按照以下步骤完成相关任务。

  1.查阅相关书籍和资料，了解温度、压力、气流速度、喷淋密度对吸收过程的影响。

  2.查阅相关书籍和资料，了解吸收剂选择的条件。

  3.归纳整理影响吸收速率的因素。

  二、任务实施

  1.请从温度、压力、气流速度、喷淋密度四个方面分析吸收操作的条件。

_____

_____

  2.吸收剂吸收时应考虑哪些方面的因素？

_____

_____

3. 生产上如何确定吸收剂的用量?

_____

_____

4. 请分析说明影响吸收速率的因素。

_____

_____

任务评价与总结

一、任务过程评价

任务过程评价表

任务名称		学习吸收进程运行状况		评价		
序号	工作步骤	工作要点及技术要求		配分	评价标准	评价结论（合格、基本合格、不合格，严重错误要具体指出！）	评分
1	准备工作	复习任务2相关知识，预习本任务内容、查阅相关资料					
		穿戴劳保用品；工具、材料、记录准备					
2	了解吸收过程正常运行条件	吸收过程的操作条件					
		吸收剂用量对吸收过程的影响					
3	了解影响吸收速率的因素	气、液膜控制					
		吸收推动力					
		气液接触面积					
4	文明操作	安全、文明作业，各种工具摆放整齐，用完整理归位					
5	安全及其他	遵守国家法规或企业相关安全规范	安全使用水、电、气、高空作业不伤人、不伤己等安全防范意识、行为				
		是否在规定时间内完成					
		合计					

注：任务过程评价表中，工作要点及技术要求可根据实际教学过程进行调整；配分项中每一小项的具体配分根据该项在任务实施过程中的重要程度、任务目标等的不同，自行配分；评价标准项不设统一标准，根据任务实施过程中的需要，综合考虑各方面因素而形成。

任课老师： 　　　　年 月 日

二、自我评估与总结

试结合自身任务完成的情况,通过交流讨论等方式学习全面规范地填写本次任务的工作总结。

_____
_____
_____

三、小组评估与总结

_____
_____
_____

课堂笔记

项目5.3　吸收解吸装置仿真操作训练

任务　吸收解吸单元操作仿真训练

姓名		班级		建议学时	
所在组		岗位		成绩	

📖 任务描述

一、任务描述

学生在接受老师指定的工作任务后，了解工作场地的环境、设备管理要求，穿戴符合劳保要求，在老师的指导下，通过资料查询，认识吸收解吸仿真系统，能熟练运用电脑进行操作；工作完成后按照8S现场管理规范清理场地、归置物品、资料归档，并按照环保规定处置废弃物。

二、具体任务

1. 认识仿真系统中吸收解吸的设备及现场阀门。
2. 认识吸收解吸的DCS操作系统。
3. 能对吸收解吸仿真系统进行开、停车，正常运行及维护的操作。
4. 操作过程中能及时发现事故并进行正确处理。

能力目标

1. 具备制订工作目标并按计划执行的能力。
2. 能与小组成员协作共同完成任务。
3. 能制定并执行吸收解吸装置仿真操作方案；能制定故障应急处理方案。
4. 能正确操作吸收解吸装置DCS仿真系统；能正确判断吸收解吸装置各种事故并进行应急处理。
5. 具备HSE意识，操作过程及现场符合HSE要求。

🌀 任务准备

一、任务确认及本任务安全须知

1. 根据岗位需要规范穿好工作服，正确佩戴防护口罩、防护手套、安全帽等。

2.化工仿真教学软件系统是专用软件，禁止改变该软件的固定参数；严禁改变仿真机原有设置；严禁在仿真机上进行与化工仿真无关的操作。

3.操作电气设备时，注意绝缘防护，避免接触带电部位。

4.严禁在仿真机上使用任何外来软盘、光盘、移动盘等。

5.务必保持安静，有问题时，可举手单独与指导教师交流。

6.完成本任务需注意的其他安全事项。

我承诺：我已经知晓本任务及安全须知，将严格遵守并进行操作

承诺人：_____ 时间：_____

二、设备、工具的准备，填写下表。

作业单号：　　　　领料部门：　　　　　　年　　月　　日

序号	名称	规格	单位	借出时间	借用人签名	归还时间	归还人签名	管理员签名	备注

✱ 任务分析与实施

一、任务分析

在对吸收解吸进行操作前，学员必须认识吸收解吸装置的工艺流程，认识流程中各类设备及阀门。建议按照以下步骤完成相关任务。

1.查阅相关书籍和资料，了解吸收解吸装置的工艺流程。

2.查阅相关书籍和资料，认识各类不同设备及阀门。

二、任务实施

1.画出与仿真系统相一致的吸收系统的现场图，并写出各个设备的名称。

2.画出与仿真系统相一致的解吸系统的现场图，并写出各个设备的名称。

3.写出开停车操作的主要步骤。

4.操作过程中,你是如何发现事故并及时处理的?

 任务评价与总结

一、任务过程评价

任务过程评价表

任务名称		吸收解吸单元操作仿真训练		配分	评价标准	评价	评分
序号	工作步骤	工作要点及技术要求				评价结论(合格、基本合格、不合格,严重错误要具体指出!)	
1	准备工作	穿戴劳保用品					
		工具、材料、记录准备					
2	认识吸收解吸装置	认识吸收、解吸系统的现场图					
		认识吸收、解吸系统的DCS图					
		认识吸收、解吸系统现场图、DCS图中所有的阀门及设备					
3	吸收解吸系统仿真操作	开车操作、停车操作					
		正常运行与维护					
		事故处理					
4	文明操作	安全、文明作业,各种工具摆放整齐,用完整理归位					
5	安全及其他	遵守国家法规或企业相关安全规范	安全使用水、电、气,高空作业不伤人、不伤己等安全防范意识、行为				
		是否在规定时间内完成					
		合计					

注:任务过程评价表中,工作要点及技术要求可根据实际教学过程进行调整;配分项中每一小项的具体配分根据该项在任务实施过程中的重要程度、任务目标等的不同,自行配分;评价标准项不设统一标准,根据任务实施过程中的需要,综合考虑各方面因素而形成。

任课老师: 年 月 日

二、自我评估与总结

试结合自身任务完成的情况,通过交流讨论等方式学习全面规范地填写本次任务的工作总结。

_____

_____

_____

三、小组评估与总结

_____

_____

_____

🖊 课堂笔记

项目 6
膨胀式制冷装置

任务1 认识膨胀式制冷装置

姓名		班级		建议学时	
所在组		岗位		成绩	

📒 任务描述

一、任务描述

学生在接受老师指定的工作任务后，了解工作场地的环境、设备管理要求，穿戴符合劳保要求，在老师的指导下，通过资料查询及制冷生产实例，掌握冷冻的工业用途及原理，通过对现场制冷装置设备及流程的学习与认识，为制冷生产做好基础准备。工作完成后按照8S现场管理规范清理场地、归置物品、资料归档，并按照环保规定处置废弃物。

二、具体任务

1. 认识冷冻的工业用途及原理。
2. 识别冷冻装置的主要设备和调节仪表。
3. 摸清冷冻装置各管线流程，识读和绘制冷冻工艺流程图。

能力目标

1. 具备制订工作目标并按计划执行的能力。
2. 能与小组成员协作共同完成任务。
3. 能正确标识设备和阀门的位号。
4. 能正确标识各测量仪表。
5. 会识读和绘制冷冻工艺的流程图。

任务准备

一、任务确认及本任务安全须知

1. 根据岗位需要规范穿好工作服，正确佩戴防护口罩、防护手套、安全帽等。

2. 工具（如扳手、螺丝刀）使用前检查规格是否符合要求，切忌蛮力使用。

3. 操作电气设备时，注意绝缘防护，避免接触带电部位。

4. 冷冻装置的主要设备和调节仪表使用完毕后要摆放规整。

5. 及时清理地面液体，严防滑倒；严防烫伤及机械伤害，严格按照操作规程要求检查。

6. 完成本任务需注意的其他安全事项。

我承诺：我已经知晓本任务及安全须知，将严格遵守并进行操作

承诺人：＿＿＿＿＿＿＿＿ 时间：＿＿＿＿＿＿＿＿

二、设备、工具的准备，填写下表

作业单号： 领料部门： 年 月 日

序号	名称	规格	单位	借出时间	借用人签名	归还时间	归还人签名	管理员签名	备注

任务分析与实施

一、任务分析

认识冷冻基本工艺过程是操作工应具备的基本能力。认识冷冻的工作过程，包括认识冷冻的主要设备、仪表、管线流程。建议以小组为单位，按照以下步骤完成相关任务。

1. 查阅相关书籍和资料，学习冷冻的工业用途和原理及常见流程。

2. 在实训现场，认识冷冻装置的主要构成及工艺流程，各管线物料走

向等。

3.识读和绘制冷冻装置的工艺流程图,强化对冷冻基本工艺过程的记忆和理解。

二、任务实施

1.查阅相关资料,简述化工生产中常用的制冷方式。

_____
_____
_____

2.简述膨胀式制冷的基本过程。

_____
_____
_____

3.在实训现场,结合装置操作规程与工艺流程图,识别冷冻装置主要设备构成,完成下表。

设备名称	位号	设备作用

4.对照PID图,找出本冷冻装置的各类仪表和检测器,并明确其位号、监测点,然后完成下表。

位号	仪表或监测类型	监测工艺点

5.对照装置工艺流程图,通过现场巡查,摸清各管线的物料流向,并画出流程框图。

任务评价与总结

一、任务过程评价

任务过程评价表

任务名称		认识膨胀式制冷装置		评价		
序号	工作步骤	工作要点及技术要求	配分	评价标准	评价结论（合格、基本合格、不合格，严重错误要具体指出！）	评分
1	准备工作	穿戴劳保用品				
		工具、材料、记录准备				
2	制冷技术的发展及应用	制冷技术的发展				
		工业制冷方式				
		制冷技术的应用				
3	认识制冷装置	认识蒸汽压缩式制冷装置	制冷系统			
			制冷流程			
			制冷剂			
			冷冻能力计算方法			
		认识其他制冷装置	吸收式制冷			
			吸附式制冷			
			热电制冷（半导体制冷）			
4	使用工具、量具、器具	使用工具、量具、器具	正确选择、规范安全使用			
		维护工具、量具、器具	安全、文明作业，各种工具摆放整齐、用完整理归位			
5	安全及其他	遵守国家法规或企业相关安全规范	安全使用水、电、气，高空作业不伤人、不伤己等安全防范意识、行为			
		是否在规定时间内完成	按时完成工作任务			
		合计				

注：任务过程评价表中，工作要点及技术要求可根据实际教学过程进行调整；配分项中每一小项的具体配分根据该项在任务实施过程中的重要程度、任务目标等的不同，自行配分；评价标准项不设统一标准，根据任务实施过程中的需要，综合考虑各方面因素而形成。

任课老师： 年 月 日

二、自我评估与总结

试结合自身任务完成的情况，通过交流讨论等方式学习全面规范地填写本次任务的工作总结。

三、小组评估与总结

课堂笔记

任务2　学习膨胀式制冷装置操作过程

姓名		班级		建议学时	
所在组		岗位		成绩	

📋 任务描述

一、任务描述

学生在接受老师指定的工作任务后，了解工作场地的环境、设备管理要求，穿戴符合劳保要求，在老师的指导下，掌握膨胀式制冷装置的操作，工作完成后按照8S现场管理规范清理场地、归置物品、资料归档，并按照环保规定处置废弃物。

二、具体任务

1. 学习规范操作膨胀式制冷装置，实现系统开车。
2. 学会处理生产过程中的异常现象，维持生产稳定运行，完成生产任务。
3. 学会对膨胀式制冷装置进行正常停车。

能力目标

1. 具备制订工作目标并按计划执行的能力。
2. 能与小组成员协作共同完成任务。
3. 能制定并执行膨胀式制冷装置开停车操作方案；能制定故障应急处理方案。
4. 能按照操作规程规范，熟练完成膨胀式制冷装置的开车、正常操作、停车；会观察、判断异常操作现象，并能做出正确处理。
5. 通过膨胀式制冷装置操作养成认真严谨的态度和吃苦耐劳的精神。
6. 具备HSE意识，操作过程及现场符合HSE要求。

🔧 任务准备

一、任务确认及本任务安全须知

1. 根据岗位需要规范穿好工作服，正确佩戴防护口罩、防护手套、安全帽等。

2. 工具（如扳手、螺丝刀）使用前检查规格是否符合要求，切忌蛮力使用。

3. 操作电气设备时，注意绝缘防护，避免接触带电部位。

4. 严格按照人机界面控制系统的操作程序启动、关闭设备。

5. 及时清理地面液体，严防滑倒；严防烫伤及机械伤害，严格按照操作规程要求检查。

6. 完成本任务需注意的其他安全事项。

我承诺：我已经知晓本任务及安全须知，将严格遵守并进行操作

承诺人：_____　　时间：_____

二、设备、工具的准备，填写下表

作业单号：　　　　领料部门：　　　　　年　　月　　日

序号	名称	规格	单位	借出时间	借用人签名	归还时间	归还人签名	管理员签名	备注

✱ 任务分析与实施

一、任务分析

在操作膨胀式制冷装置前，学员必须了解膨胀式制冷装置的特性，建议按照以下步骤完成相关任务。

1. 查阅相关书籍和资料，了解不同类型的制冷装置。

2. 通过现场操作，学会膨胀式制冷装置的开车和停车。

3. 通过现场操作，学会辨别膨胀式制冷装置常见故障，并进行处理。

二、任务实施

1. 写出膨胀式制冷装置开车的主要步骤。

步骤	主要内容	注意事项
步骤1		
步骤2		
步骤3		

2.写出膨胀式制冷装置停车的主要步骤。

步骤	主要内容	注意事项
步骤1		
步骤2		
步骤3		

3.写出膨胀式制冷装置在运行过程中可能会遇到的故障，并写出解决方案。

编号	故障	解决方案
1		
2		
3		

任务评价与总结

一、任务过程评价

任务过程评价表

任务名称		学习膨胀式制冷装置操作过程		评价		
序号	工作步骤	工作要点及技术要求	配分	评价标准	评价结论（合格、基本合格、不合格，严重错误要具体指出！）	评分
1	准备工作	穿戴劳保用品				
		工具、材料、记录准备				
2	开车前准备	检查压缩机				
		检查高、低压系统的有关阀门				
		检查高、低压贮液器的液面				
		检查中间冷却器				
		其他				

续表

任务名称		学习膨胀式制冷装置操作过程		评价		
序号	工作步骤	工作要点及技术要求		配分	评价标准	评价结论（合格、基本合格、不合格，严重错误要具体指出！）	评分
3	膨胀式制冷装置开车操作	开车操作					
		正常操作注意事项					
4	膨胀式制冷装置停车操作	正常停车					
		紧急停车					
5	事故与处理（含隐患排查）	压缩机的常见故障及排除					
		制冷系统的常见故障及排除					
6	使用工具、量具、器具	使用工具、量具、器具	正确选择、规范安全使用工具、量具、器具				
		维护工具、量具、器具	安全、文明作业各种工具摆放整齐、用完整理归位				
7	安全及其他	遵守国家法规或企业相关安全规范	安全使用水、电、气，高空作业不伤人、不伤己等安全防范意识、行为				
		是否在规定时间内完成	按时完成工作任务				
			合计				

注：任务过程评价表中，工作要点及技术要求可根据实际教学过程进行调整；配分项中每一小项的具体配分根据该项在任务实施过程中的重要程度、任务目标等的不同，自行配分；评价标准项不设统一标准，根据任务实施过程中的需要，综合考虑各方面因素而形成。

任课老师：　　　　年　月　日

二、自我评估与总结

试结合自身任务完成的情况，通过交流讨论等方式学习全面规范地填写本次任务的工作总结。

三、小组评估与总结

项目 7
连续精馏装置

项目7.1 认识连续精馏装置

任务1 认识蒸馏装置和简单精馏装置

姓名		班级		建议学时	
所在组		岗位		成绩	

📋 任务描述

一、任务描述

学生在接受老师指定的工作任务后，了解工作场地的环境、设备管理要求，穿戴符合劳保要求，在老师的指导下，通过资料查询和精馏生产实例，掌握精馏目的及其特点、原理，为精馏生产做好理论准备。工作完成后按照8S现场管理规范清理场地、归置物品、资料归档，并按照环保规定处置废弃物。

二、具体任务

1. 认识传统白酒蒸馏器、工业生产中的简单蒸馏装置。
2. 认识简单精馏装置。
3. 认识其他类型的精馏塔（浮阀塔、泡罩塔、筛板塔）。

能力目标

1. 具备制订工作目标并按计划执行的能力。
2. 能与小组成员协作共同完成任务。
3. 通过传统白酒蒸馏器、工业生产中的简单蒸馏装置的认识，能正确掌握蒸馏装置基本结构、工作原理及特点。

4.通过简单精馏装置的认识,能正确掌握精馏装置基本结构、工作原理及特点。

5.能正确认识其他类型的精馏塔(浮阀塔、泡罩塔、筛板塔)并掌握精馏原理。

任务准备

一、任务确认及本任务安全须知

1.根据岗位需要规范穿好工作服,正确佩戴防护口罩、防护手套、安全帽等。

2.工具(如扳手、螺丝刀)使用前检查规格是否符合要求,切忌蛮力使用。

3.操作电气设备时,注意绝缘防护,避免接触带电部位。

4.简单蒸馏装置、简单精馏装置内部构件认识完毕后要摆放规整。

5.及时清理地面液体,严防滑倒;严防烫伤及机械伤害,严格按照操作规程要求检查。

6.完成本任务需注意的其他安全事项。

我承诺:我已经知晓本任务及安全须知,将严格遵守并进行操作

承诺人:_____ 时间:_____

二、设备、工具的准备,填写下表

作业单号:　　　　领料部门:　　　　　年　　月　　日

序号	名称	规格	单位	借出时间	借用人签名	归还时间	归还人签名	管理员签名	备注

任务分析与实施

一、任务分析

在使用筛板式精馏塔进行精馏操作前,学员必须掌握精馏目的及其特点、

原理，建议按照以下步骤完成相关任务。

1. 查阅相关书籍和资料，了解精馏操作在化工生产中的应用、特点、类别。

2. 查阅相关书籍和资料，掌握精馏目的及其原理。

二、任务实施

1. 认识传统生产中的白酒蒸馏装置、工业生产中的简单蒸馏装置并填表。

（1）认识传统生产中的白酒蒸馏装置（见图7-1）并填表。

图7-1 传统白酒蒸馏器

白酒蒸馏设备名称	设备作用
锅	
蒸桶	
冷凝器	

（2）认识工业生产中的简单蒸馏装置（见图7-2）并填表。

图7-2 简单蒸馏装置

简单蒸馏装置设备名称	设备作用
蛇管加热器	
蒸馏釜	
冷凝器	
A、B、C容器	

（3）找出白酒蒸馏装置和简单蒸馏装置有哪些不同。

2.认识工业生产中的精馏装置（见图7-3）并填表。

图7-3 精馏装置

工业生产中精馏装置设备名称	设备作用
进料泵	
再沸器	
精馏塔	
冷凝器	
回流罐	
回流泵	
釜液泵	

3. 认识其他类型的精馏塔（浮阀塔、泡罩塔、筛板塔）。

（1）不同塔板组成的精馏塔有哪几种？各有什么优缺点？

_____
_____
_____

（2）请总结出精馏的原理。

_____
_____
_____

任务评价与总结

一、任务过程评价

任务过程评价表

任务名称		认识蒸馏装置和简单精馏装置		评价		
序号	工作步骤	工作要点及技术要求	配分	评价标准	评价结论（合格、基本合格、不合格，严重错误要具体指出！）	评分
1	准备工作	穿戴劳保用品				
		工具、材料、记录准备				
2	认识蒸馏装置	认识传统白酒蒸馏器				
		认识工业生产中的简单蒸馏装置				
		比较传统白酒蒸馏器、简单蒸馏装置				
3	认识简单精馏装置	工具、场地选择、准备				
		精馏塔、塔釜加热器、换热器、回流罐、产品罐、残液罐等设备认识				
		比较传统白酒蒸馏器、简单蒸馏装置与简单精馏装置				
4	认识其他类型的精馏塔	场地选择、准备				
		泡罩塔的认识				
		筛板塔的认识				
		浮阀塔的认识				
		总结归纳出精馏原理				
		维护工具、量具、器具	安全、文明作业，各种工具摆放整齐，用完整理归位				

续表

任务名称		认识蒸馏装置和简单精馏装置		评价			
序号	工作步骤	工作要点及技术要求		配分	评价标准	评价结论（合格、基本合格、不合格，严重错误要具体指出！）	评分
5	安全及其他	遵守国家法规或企业相关安全规范	安全使用水、电、气，高空作业不伤人、不伤己等安全防范意识、行为				
		是否在规定时间内完成	按时完成工作任务				
合计							

注：任务过程评价表中，工作要点及技术要求可根据实际教学过程进行调整；配分项中每一小项的具体配分根据该项在任务实施过程中的重要程度、任务目标等的不同，自行配分；评价标准项不设统一标准，根据任务实施过程中的需要，综合考虑各方面因素而形成。

任课老师：　　　　年　月　日

二、自我评估与总结

试结合自身任务完成的情况，通过交流讨论等方式学习全面规范地填写本次任务的工作总结。

_____

_____

_____

三、小组评估与总结

_____

_____

_____

课堂笔记

任务2　认识筛板式连续精馏装置

姓名		班级		建议学时	
所在组		岗位		成绩	

任务描述

一、任务描述

学生在接受老师指定的工作任务后,了解工作场地的环境、设备管理要求,穿戴符合劳保要求,在老师的指导下,通过资料查询和精馏生产实例,掌握筛板式连续精馏装置基本结构、工作原理及特点,为精馏生产做好理论准备。工作完成后按照8S现场管理规范清理场地、归置物品、资料归档,并按照环保规定处置废弃物。

二、具体任务

1. 认识筛板式连续精馏装置(中试级)现场图及主要设备和阀门。
2. 认识和绘制带控制点的筛板式连续精馏装置工艺流程图。
3. 认识筛板式连续精馏装置DCS控制系统。
4. 认识筛板式连续精馏装置流程。
5. 学习筛板式连续精馏装置产品量、塔顶产品回收率、回流及回流比的计算。

能力目标

1. 具备制订工作目标并按计划执行的能力。
2. 能与小组成员协作共同完成任务。
3. 能正确识读筛板式连续精馏装置(中试级)现场图及主要设备和阀门;能正确掌握筛板式连续精馏装置基本结构、工作原理及特点。
4. 能正确认识和绘制带控制点的筛板式连续精馏装置工艺流程图。
5. 能正确掌握筛板式连续精馏装置的内部构造及功能。
6. 会筛板式连续精馏装置产品量、塔顶产品回收率、回流及回流比的计算。

任务准备

一、任务确认及本任务安全须知

1. 根据岗位需要规范穿好工作服,正确佩戴防护口罩、防护手套、安全帽等。

2.工具（如扳手、螺丝刀）使用前检查规格是否符合要求，切忌蛮力使用。

3.操作电气设备时，注意绝缘防护，避免接触带电部位。

4.筛板式连续精馏装置内部构件认识完毕后要摆放规整。

5.及时清理地面液体，严防滑倒；严防烫伤及机械伤害，严格按照操作规程要求检查。

6.完成本任务需注意的其他安全事项。

我承诺：我已经知晓本任务及安全须知，将严格遵守并进行操作
承诺人：_____　　时间：_____

二、设备、工具的准备，填写下表

作业单号：　　　　　领料部门：　　　　　　　年　　月　　日

序号	名称	规格	单位	借出时间	借用人签名	归还时间	归还人签名	管理员签名	备注

✳ 任务分析与实施

一、任务分析

在使用筛板式精馏塔进行精馏操作前，学员必须掌握筛板式连续精馏装置基本结构、工作原理及特点，建议按照以下步骤完成相关任务。

1.查阅相关书籍和资料，了解筛板式连续精馏装置基本结构、工作原理及特点。

2.查阅相关书籍和资料，学习筛板式连续精馏装置产品量、塔顶产品回收

率、回流及回流比的计算。

二、任务实施

1.认识筛板式连续精馏装置（中试级）现场图（图7-4）及主要设备和阀门并填表。

图7-4　筛板式连续精馏装置现场图

（1）认真观察精馏塔现场图，并对照下表填写主要设备名称。

设备位号	名称	设备位号	名称
V703		P702	
V704		P703	
E701		P704	
E704		P701	
T701		E703	
V701		V705	
V702		E705	
E702			

（2）认真观察精馏塔现场图，并对照下表填写主要阀门名称。

阀门位号	名称	阀门位号	名称
V01		V15	
V02		V16	
V04		V20	
V06		V25	
V07		V27	
V08		V28	
V09		V29	
V10		V31	
V11		V32	
V12		V39	
V13		V42	
V14		V43	

2.认真观察某型号精馏实训装置带控制点工艺流程图，列出重要的温度和流量控制点。

_____

_____

3.认真观察精馏塔DCS图（图7-5）并填表。

图7-5　精馏塔DCS图

（1）认真观察精馏塔DCS图，并对照下表填写主要温度显示及控制仪表。

温度显示及控制仪表	位号	显示变量	正常值范围	单位
温度显示及控制仪表	TI709		80～100	℃
	TICA712		75～85	℃
	TICA714		80～100	℃
	TIC703		78～80	℃

（2）认真观察精馏塔DCS图，并对照下表填写主要液位和压力正常工况操作参数。

仪表名称或位号	调节变量	正常值	单位
进料流量计			L/h
冷凝器上冷却水流量计			L/h
回流流量计			L/h
塔顶产品流量计			L/h
LIA702			mm
LIA701			mm
PI701			kPa
PI702			kPa

4.认识筛板式连续精馏装置流程。

结合精馏塔现场图和精馏塔DCS图，阅读下面关于精馏流程的描述并填写完整。

进料：质量分数约为15%的酒精原料从原料罐V703中由_____输入至_____，经第十二块塔板进入精馏塔内，流入再沸器E704至一定液位，停泵P702。待有塔顶产品采出时，以约40L/h的流量连续进料。

加热：启动_____、_____分别对预热器E701、再沸器E704内的原料进行加热，预热器E701出口温度TICA712升至_____时，降TZ701加热功率，保温。

塔顶气体：从精馏塔顶出来的气体经过位号为_____冷凝为液体后进入回流液缓冲罐V705，回流罐的液体由位号为_____的产品泵和回流泵抽出，一部分作为回流由回流调节阀控制流量送回精馏塔；另一部分则作为产品由塔顶产品_____控制产品流量并采出，根据回流液缓冲罐液位调节产品采出量。

塔顶、塔釜压力：精馏塔的塔顶、塔釜压力由_____，同时调节回流液缓冲罐的不凝气排放量，调节与控制塔顶压力。

塔釜液体：从塔底出来的液体有一部分进入_____，加热后产生蒸气并送回精馏塔；另一部分由残液流量计控制流量作为塔釜残液采出。根据塔釜液位调节残液采出量。

任务评价与总结

一、任务过程评价

任务过程评价表

任务名称		认识筛板式连续精馏装置		评价		
序号	工作步骤	工作要点及技术要求	配分	评价标准	评价结论（合格、基本合格、不合格，严重错误要具体指出！）	评分
1	准备工作	穿戴劳保用品				
		工具、材料、记录准备				
2	认识筛板式连续精馏装置（中试级）现场图及主要设备和阀门	认识筛板式连续精馏装置（中试级）现场图				
		认识筛板式连续精馏装置主要设备及位号				
		认识筛板式连续精馏装置主要阀门及位号				
3	认识带控制点的筛板式连续精馏装置工艺流程图	工具、场地选择、准备				
		了解带控制点的工艺流程图基本知识				
		认识和绘制某型号精馏实训装置带控制点工艺流程图				
4	认识筛板式连续精馏装置DCS控制系统	场地选择、准备				
		认识筛板式连续精馏装置DCS图				
		认识重要的温度显示仪表及其正常工况操作参数				
		认识调节器及其正常工况操作参数				
5	认识筛板式连续精馏装置流程	认识进料、加热、塔顶气体冷凝、塔顶和塔釜压力控制、塔釜液体采出等流程				

续表

序号	任务名称		认识筛板式连续精馏装置		配分	评价标准	评价结论（合格、基本合格、不合格，严重错误要具体指出！）	评分
	工作步骤		工作要点及技术要求					
6	安全及其他	遵守国家法规或行业企业相关安全规范	安全使用水、电、气、高空作业不伤人、不伤己等安全防范意识、行为					
		是否在规定时间内完成	按时完成工作任务					
	合计							

注：任务过程评价表中，工作要点及技术要求可根据实际教学过程进行调整；配分项中每一小项的具体配分根据该项在任务实施过程中的重要程度、任务目标等的不同，自行配分；评价标准项不设统一标准，根据任务实施过程中的需要，综合考虑各方面因素而形成。

任课老师： 年 月 日

二、自我评估与总结

试结合自身任务完成的情况，通过交流讨论等方式学习全面规范地填写本次任务的工作总结。

三、小组评估与总结

课堂笔记

项目7.2　操作连续筛板式精馏装置

任务1　学习连续筛板式精馏装置操作过程

姓名		班级		建议学时	
所在组		岗位		成绩	

📋 任务描述

一、任务描述

学生在接受老师指定的工作任务后，了解工作场地的环境、设备管理要求，穿戴符合劳保要求，在老师的指导下，通过对连续筛板精馏装置开车前准备、开车和停车及正常操作注意事项的认识，学习连续筛板式精馏装置操作过程。工作完成后按照8S现场管理规范清理场地、归置物品、资料归档，并按照环保规定处置废弃物。

二、具体任务

1. 学习连续筛板精馏装置开车前准备、开车和停车及正常操作注意事项。
2. 掌握连续筛板精馏塔操作数据的记录与处理。
3. 掌握精馏过程中可能的事故现象及产生原因与处理方法。
4. 了解精馏设备维护及工业卫生和劳动保护。

能力目标

1. 具备制订工作目标并按计划执行的能力。
2. 能与小组成员协作共同完成任务。
3. 能制定并执行连续筛板精馏装置开停车操作方案；能制定故障应急处理方案。
4. 能正确操作连续筛板精馏装置；能正确判断各种事故并进行应急处理。
5. 会对连续筛板精馏塔操作数据进行记录与处理。
6. 通过连续筛板精馏塔操作培养认真严谨的态度和吃苦耐劳的精神。
7. 具备HSE意识，操作过程及现场符合HSE要求。

任务准备

一、任务确认及本任务安全须知

1.根据岗位需要规范穿好工作服，正确佩戴防护口罩、防护手套、安全帽等。

2.工具（如扳手、螺丝刀）使用前检查规格是否符合要求，切忌蛮力使用。

3.操作电气设备时，注意绝缘防护，避免接触带电部位。

4.严格按照连续筛板式精馏塔操作规程进行操作。

5.及时清理地面液体，严防滑倒；严防烫伤及机械伤害，严格按照操作规程要求检查。

6.完成本任务需注意的其他安全事项。

我承诺：我已经知晓本任务及安全须知，将严格遵守并进行操作

承诺人：_____ 时间：_____

二、设备、工具的准备，填写下表

作业单号：　　　领料部门：　　　　　年　　月　　日

序号	名称	规格	单位	借出时间	借用人签名	归还时间	归还人签名	管理员签名	备注

✱ 任务分析与实施

一、任务分析

在使用筛板式精馏塔进行精馏操作前,学员必须掌握连续筛板精馏装置开车前准备、开车和停车及正常操作注意事项;掌握连续筛板精馏塔操作数据的记录与处理及掌握精馏过程中可能的事故现象及产生原因与处理方法。

二、任务实施

1.学习连续筛板式精馏装置开车前准备、开车和停车及正常操作注意事项。

(1)简述常压精馏开车前的准备工作。

_____
_____
_____
_____
_____
_____
_____

(2)简述常压精馏开车操作步骤。

_____
_____
_____
_____
_____
_____
_____

(3)简述常压精馏停车操作步骤。

_____
_____
_____
_____
_____
_____

(4)常压精馏操作实训报表记录与处理。

进料系统				塔系统									冷凝系统				回流系统			残液系统	
序号	时间	原料槽液位 /mm	进料流量 /(L/h)	预热器加热开度 /%	进料温度 /℃	塔釜液位 /mm	再沸器加热开度 /%	再沸器温度 /℃	第三塔板温度 /℃	第八塔板温度 /℃	第十塔板温度 /℃	第十二塔板温度 /℃	第十四塔板温度 /℃	塔底蒸汽温度 /℃	塔底压力 /kPa	塔顶压力 /kPa	塔顶蒸汽温度 /℃	冷凝液温度 /℃	冷却水流量 /(L/h)	冷却水出口温度 /℃	塔顶温度 /℃	回流温度 /℃	回流量 /(L/h)	产品流量 /(L/h)	残液流量 /(L/h)	冷却水流量 /(L/h)
1																									
2																									
3																									
4																									
5																									
6																									
7																									

操作记事

异常现象

操作人：　　　　　　　　　　　　　　　　　　　　指导老师：

（5）简述常压精馏正常操作的注意事项。

2.掌握精馏过程中可能出现的事故及产生原因与处理方法，并填写下表。

异常现象	产生原因	处理方法
塔压增大		
塔釜温度过高		
塔顶温度过高		
塔釜液位过高或过低		
塔顶产品质量下降		
塔内发生液泛或雾沫夹带		

3.简述常压精馏操作过程中的安全注意事项。

任务评价与总结

一、任务过程评价

任务过程评价表

任务名称		学习连续筛板式精馏装置操作过程		评价			
序号	工作步骤	工作要点及技术要求	配分	评价标准	评价结论（合格、基本合格、不合格，严重错误要具体指出！）		评分
1	准备工作	穿戴劳保用品					
		工具、材料、记录准备					
2	常压精馏开车前准备	检查所有仪表、设备，试电，准备原料，开启公用系统					
3	常压精馏开车操作	掌握常压精馏开车操作步骤，调整精馏系统各工艺参数稳定					
4	常压精馏停车操作	掌握常压精馏停车操作步骤，做好设备及现场的整理工作					

续表

任务名称		学习连续筛板式精馏装置操作过程		评价		
序号	工作步骤	工作要点及技术要求	配分	评价标准	评价结论（合格、基本合格、不合格，严重错误要具体指出！）	评分
5	数据记录与处理	掌握常压精馏操作实训报表记录与处理				
6	正常操作注意事项	掌握常压精馏正常操作相关注意事项				
7	事故与处理（含隐患排查）	掌握各种事故的产生原因与处理方法				
8	设备维护及工业卫生和劳动保护	掌握设备维护及检修和工业卫生和劳动保护				
9	安全及其他	遵守国家法规或行业企业相关安全规范	安全使用水、电、气，高空作业不伤人、不伤己等安全防范意识、行为			
		是否在规定时间内完成	按时完成工作任务			
合计						

注：任务过程评价表中，工作要点及技术要求可根据实际教学过程进行调整；配分项中每一小项的具体配分根据该项在任务实施过程中的重要程度、任务目标等的不同，自行配分；评价标准项不设统一标准，根据任务实施过程中的需要，综合考虑各方面因素而形成。

任课老师：　　　　年　月　日

二、自我评估与总结

试结合自身任务完成的情况，通过交流讨论等方式学习全面规范地填写本次任务的工作总结。

三、小组评估与总结

任务2　学习精馏过程运行状况

姓名		班级		建议学时	
所在组		岗位		成绩	

📋 任务描述

一、任务描述

学生在接受老师指定的工作任务后，了解工作场地的环境、设备管理要求，穿戴符合劳保要求，在老师的指导下，通过对精馏段与提馏段、进料板、塔内气液相的流动情况、塔顶产品的采出与回流、塔底产品的采出与返回、回流、温度、压力、塔板数的认识，来学习精馏过程的运行状况。工作完成后按照8S现场管理规范清理场地、归置物品、资料归档，并按照环保规定处置废弃物。

二、具体任务

1.掌握精馏段与提馏段、进料板、塔内气液相的流动情况、塔顶产品的采出与回流、塔底产品的采出与返回的相关知识。

2.通过对回流、温度、压力、塔板数的认识，掌握精馏过程的正常运行条件。

3.了解精馏塔混合物进料的热状况及进料位置对精馏过程的影响。

能力目标

1.具备制订工作目标并按计划执行的能力。

2.能与小组成员协作共同完成任务。

3.能对精馏段与提馏段、进料板、塔内气液相的流动情况、塔顶产品的采出与回流、塔底产品的采出与返回进行正确分析，会判断精馏过程的运行状况。

4.会对精馏过程的回流、温度、压力等运行条件作出分析和判断。

5.会对精馏塔混合物进料的热状况及进料位置作出分析和判断。

🛠 任务准备

一、任务确认及本任务安全须知

1.根据岗位需要规范穿好工作服，正确佩戴防护口罩、防护手套、安全

帽等。

2.工具（如扳手、螺丝刀）使用前检查规格是否符合要求，切忌蛮力使用。

3.操作电气设备时，注意绝缘防护，避免接触带电部位。

4.及时清理地面液体，严防滑倒；严防烫伤及机械伤害，严格按照操作规程要求检查。

5.完成本任务需注意的其他安全事项。

我承诺：我已经知晓本任务及安全须知，将严格遵守并进行操作

承诺人：_____ 时间：_____

二、设备、工具的准备，填写下表

作业单号：　　　　　领料部门：　　　　　　年　　月　　日

序号	名称	规格	单位	借出时间	借用人签名	归还时间	归还人签名	管理员签名	备注

✱ 任务分析与实施

一、任务分析

掌握精馏段与提馏段、进料板、塔内气液相的流动情况、塔顶产品的采出与回流、塔底产品的采出与返回、回流、温度、压力、塔板数、精馏塔混合物进料的热状况及进料位置对精馏过程的影响等相关知识，了解精馏过程运行状况的重要内容。

二、任务实施

1.了解精馏过程的运行状况

（1）完成精馏段与提馏段内容的填空。

在生产中通常将进料板以上的部分称为_____,进料板以下的部分称为_____。在精馏段内越往塔顶轻组分的浓度越来_____,得到浓度较高的塔顶产品,在提馏段内越往塔底重组分的浓度越来_____,得到浓度较高的塔底产品。因此生产中常说精馏段提浓的是_____,而提馏段提浓的是_____。在整个精馏塔内,塔底的温度_____,而塔顶的温度_____。

(2)什么是进料板?
_____
_____
_____
_____

(3)简述塔内气液相的流动情况。
_____
_____
_____
_____

(4)详细观察图7-6,简述塔顶产品的采出与回流。
_____
_____
_____

图7-6 连续精馏装置与流程

（5）详细观察图7-6，简述塔底产品的采出与回流。
_____
_____
_____

2. 了解精馏装置正常运行的条件

（1）回流比的大小对产品量和产品质量有何影响？
_____
_____
_____

（2）精馏塔内温度大小是如何分布的？
_____
_____
_____

（3）蒸气从塔底进入精馏塔，并且能够穿过每层塔板流向塔顶，需要有一定的_____。

（4）塔板数：精馏塔内每一次冷凝和汽化都发生在一块塔板上，因此_____决定汽化和冷凝的次数。

3. 了解精馏塔混合物进料的热状况及进料位置对精馏过程的影响

（1）了解混合物进塔时的五种热状况并填表。

序号	1	2	3	4	5
进料热状况	冷液	饱和液体	气液混合物	饱和蒸气	过热蒸气
温　度					
热状态参数	$q>1$	$q=1$	$0<q<1$	$q=0$	$q<0$

（2）进料方程可表达为：
_____
_____
_____

（3）如何确定进料位置？
_____
_____
_____

任务评价与总结

一、任务过程评价

任务过程评价表

序号	任务名称 工作步骤	学习精馏过程运行状况 工作要点及技术要求		配分	评价标准	评价 评价结论（合格、基本合格、不合格，严重错误要具体指出！）	评分
1	准备工作	穿戴劳保用品					
		工具、材料、记录准备					
2	了解精馏过程的运行状况	通过对精馏段与提馏段、进料板、塔内气液相的流动情况、塔顶产品的采出与回流、塔底产品的采出与返回的认识，了解精馏过程的运行状况					
3	了解精馏过程正常运行的条件	通过对回流、温度、压力、塔板数的认识，掌握精馏过程的正常运行条件					
4	了解精馏塔混合物进料的热状况及进料位置对精馏过程的影响	了解五种进料热状况、进料方程、进料位置					
5	安全及其他	遵守国家法规或行业企业相关安全规范	安全使用水、电、气，高空作业不伤人、不伤己等安全防范意识、行为				
		是否在规定时间内完成	按时完成工作任务				
		合计					

注：任务过程评价表中，工作要点及技术要求可根据实际教学过程进行调整；配分项中每一小项的具体配分根据该项在任务实施过程中的重要程度、任务目标等的不同，自行配分；评价标准项不设统一标准，根据任务实施过程中的需要，综合考虑各方面因素而形成。

任课老师： 　　　　　年　月　日

二、自我评估与总结

试结合自身任务完成的情况，通过交流讨论等方式学习全面规范地填写本次任务的工作总结。

三、小组评估与总结

课堂笔记

项目7.3　连续精馏装置仿真操作训练

任务　连续精馏装置仿真操作训练

姓名		班级		建议学时	
所在组		岗位		成绩	

📖 任务描述

一、任务描述

学生在接受老师指定的工作任务后，了解工作场地的环境、设备管理要求，穿戴符合劳保要求，在老师的指导下，通过对仿真系统中的精馏设备、现场阀门、精馏操作仪表、精馏操作流程、精馏操作DCS图的认识，学习精馏仿真操作。工作完成后按照8S现场管理规范清理场地、归置物品、资料归档，并按照环保规定处置废弃物。

二、具体任务

1.掌握仿真系统中的精馏设备、现场阀门相关知识。

2.掌握精馏操作仪表、精馏操作流程、精馏操作DCS图相关知识。

3.掌握开车、停车、正常运行与维护、简单事故处理等相关精馏仿真操作。

能力目标

1.具备制订工作目标并按计划执行的能力。

2.能与小组成员协作共同完成任务。

3.能制定并执行精馏开停车仿真操作方案；能制定故障应急处理方案。

4.能正确操作精馏DCS仿真系统；能正确判断离心泵各种事故并进行应急处理。

5.通过精馏操作培养认真严谨的态度和吃苦耐劳的精神。

6.具备HSE意识，操作过程及现场符合HSE要求。

任务准备

一、任务确认及本任务安全须知

1. 根据岗位需要规范穿好工作服，正确佩戴防护口罩、防护手套、安全帽等。

2. 化工仿真教学软件系统是专用软件，禁止改变该软件的固定参数；严禁改变仿真机原有设置；严禁在仿真机上进行与化工仿真无关的操作。

3. 操作电气设备时，注意绝缘防护，避免接触带电部位。

4. 严禁在仿真机上使用任何外来软盘、光盘、移动盘等。

5. 务必保持安静，有问题时，可举手单独与指导教师交流。

6. 完成本任务需注意的其他安全事项。

我承诺：我已经知晓本任务及安全须知，将严格遵守并进行操作

承诺人：＿＿＿＿＿＿＿＿　　时间：＿＿＿＿＿＿＿＿

二、设备、工具的准备，填写下表

作业单号：　　　　领料部门：　　　　　　年　　月　　日

序号	名称	规格	单位	借出时间	借用人签名	归还时间	归还人签名	管理员签名	备注

任务分析与实施

一、任务分析

掌握仿真系统中的精馏设备、现场阀门、精馏操作仪表、精馏操作流程、精馏操作DCS图等相关知识，是学习精馏仿真操作的重要内容。

二、任务实施

1. 了解仿真系统中的精馏设备及现场阀门

（1）认识现场设备：认真观察精馏塔现场图（图7-7）并填写下表。

设备位号	名称	设备位号	名称
DA405		GA412A/B	
EA419		EA408A/B	
FA414		EA419	

图7-7 精馏塔现场图

（2）认识现场阀门：认真观察精馏塔现场图（图7-7）并填写下表。

位号	名称	位号	名称	位号	名称
FV101		PV102B		V16	
FV102		V10		V17	
FV103		V11		V18	
FV104		V12		V19	
TV101		V13		V20	
PV101		V14		V23	
PV102A		V15			

2.认识精馏DCS操作系统

（1）认真观察精馏操作DCS图（见图7-8），并熟悉流量、液位、压力和温度等相关工艺参数。

图7-8 精馏操作DCS图

（2）认识精馏操作仪表：认真观察精馏塔DCS图并填写下表。

显示仪表名称	位号	显示变量	正常值	单位
温度显示仪表	TI102			℃
	TI103			℃
	TI104			℃
	TI105			℃

调节器名称	位号	调节变量	正常值	单位	正常工况
流量调节器	FC101			kg/h	投自动
	FC102			kg/h	投串级
	FC103			kg/h	投串级
	FC104			kg/h	投自动
温度调节器	TC101			℃	投自动
液位调节器	LC101			%	投自动
	LC102			%	投自动
	LC103			%	投自动
压力调节器	PC101			atm	投自动
	PC102			atm	投自动，分程控制

（3）认识精馏操作流程并填写课本中相关内容。

3.完成精馏仿真操作训练

任务评价与总结

一、任务过程评价

任务过程评价表

任务名称		连续精馏装置仿真操作训练		评价		
序号	工作步骤	工作要点及技术要求		配分	评价标准	评价结论（合格、基本合格、不合格，严重错误要具体指出！）	评分
1	准备工作	穿戴劳保用品					
		工具、材料、记录准备					
2	仿真系统中的精馏设备及现场阀门	通过对仿真系统中的精馏设备及现场阀门的认识，学习连续精馏装置仿真操作					
3	认识精馏DCS操作系统	掌握精馏操作仪表、精馏操作流程、精馏操作DCS图相关知识					
4	精馏仿真操作训练	掌握开车、停车、正常运行与维护、简单事故处理等相关操作					
5	安全及其他	遵守国家法规或行业企业相关安全规范	安全使用水、电、气，高空作业不伤人、不伤己等安全防范意识、行为				
		是否在规定时间内完成	按时完成工作任务				
合计							

注：任务过程评价表中，工作要点及技术要求可根据实际教学过程进行调整；配分项中每一小项的具体配分根据该项在任务实施过程中的重要程度、任务目标等的不同，自行配分；评价标准项不设统一标准，根据任务实施过程中的需要，综合考虑各方面因素而形成。

任课老师： 　　　年　月　日

二、自我评估与总结

试结合自身任务完成的情况，通过交流讨论等方式学习全面规范地填写本次任务的工作总结。

_____

_____

三、小组评估与总结

✏ 课堂笔记

项目 8

萃取装置

任务1　认识填料塔萃取装置的工艺流程

姓名		班级		建议学时	
所在组		岗位		成绩	

📋 任务描述

一、任务描述

学生在接受老师指定的工作任务后，了解工作场地的环境、设备管理要求，穿戴符合劳保要求，在老师的指导下，通过资料查询和萃取生产实例，掌握萃取的工业用途及原理，通过对现场萃取装置设备及流程的学习与认识，为萃取生产做好基础准备。工作完成后按照8S现场管理规范清理场地、归置物品、资料归档，并按照环保规定处置废弃物。

二、具体任务

1. 认识萃取的工业用途及原理。
2. 识别萃取装置的主要设备和调节仪表。
3. 摸清萃取装置各管线流程，识读和绘制萃取工艺流程图。

能力目标

1. 具备制订工作目标并按计划执行的能力。
2. 能与小组成员协作共同完成任务。
3. 能正确标识设备和阀门的位号。
4. 能正确标识各测量仪表。
5. 会识读和绘制填料萃取塔装置的流程图。

任务准备

一、任务确认及本任务安全须知

1.根据岗位需要规范穿好工作服,正确佩戴防护口罩、防护手套、安全帽等。

2.工具(如扳手、螺丝刀)使用前检查规格是否符合要求,切忌蛮力使用。

3.操作电气设备时,注意绝缘防护,避免接触带电部位。

4.萃取塔装置及其内部构件认识完毕后要摆放规整。

5.及时清理地面液体,严防滑倒;严防烫伤及机械伤害,严格按照操作规程要求检查。

6.完成本任务需注意的其他安全事项。

我承诺:我已经知晓本任务及安全须知,将严格遵守并进行操作

承诺人:＿＿＿＿＿＿　　时间:＿＿＿＿＿＿

二、设备、工具的准备,填写下表

作业单号:　　　领料部门:　　　　年　　月　　日

序号	名称	规格	单位	借出时间	借用人签名	归还时间	归还人签名	管理员签名	备注

任务分析与实施

一、任务分析

认识萃取基本工艺过程,是操作工应具备的基本能力,是具备其他能力的前提和基础。认识萃取的工作过程,包括认识萃取装置的主要设备、仪表、管线流程。建议以小组为单位,按照以下步骤完成相关任务:

1.查阅相关书籍和资料,学习萃取的工业用途和原理及常见流程。

2.在实训现场,认识萃取装置的主要构成及工艺流程,各管线物料走向等。

3.识读和绘制萃取装置的工艺流程图,强化对萃取基本工艺过程的记忆和理解。

二、任务实施

1.查阅相关资料,简述萃取的基本过程。

2.在实训现场,结合装置操作规程与工艺流程图,识别萃取装置主要设备构成,完成下表。

设备名称	位号	设备作用
填料萃取塔		
重相贮槽		
萃取相贮槽		
轻相贮槽		
萃余相贮槽		
分相器		
轻相泵		
重相泵		
气泵		

3.对照PID图,找出本萃取装置的各类仪表和检测器,并明确其位号、监测点,然后完成下表。

位号	仪表或监测类型	监测工艺点

4.对照装置工艺流程图,通过现场查走,摸清楚各管线的物料流向,并做好记录。

(1) 原料液流程

(2) 萃取剂流程

(3) 空气流程

(4) 萃取相流程

(5) 萃余相流程

5.结合以上学习,画出实训萃取装置的PID图。

任务评价与总结

一、任务过程评价

任务过程评价表

任务名称		认识填料塔萃取装置的工艺流程		评价		
序号	工作步骤	工作要点及技术要求	配分	评价标准	评价结论（合格、基本合格、不合格，严重错误要具体指出！）	评分
1	准备工作	正确穿戴劳保用品（服装、安全帽等）	5	不符合要求扣5分		
		工具、材料、记录准备	5	选择错误每项扣1分,扣完为止		
2	认识萃取的流程	识读萃取的工艺流程简图,准确描述物料、公用工程的流程	10	叙述正确与否扣1～10分		
3	识别萃取装置主要设备	准确识别装置的主体设备名称（填料萃取塔、原料贮罐、萃取剂贮罐、萃取相贮罐、萃余相贮罐等）	5	描述准确与否扣1～2分		
		准确记录各主体设备的位号	5	是否有漏项扣相应分		
		准备描述各主体设备的作用	5	是否有漏项扣相应分		
4	识别调节仪表	准确识别各仪表类型	5	仪表类型错误扣1分/个；仪表位号错误扣1分/个；检测器位号错误扣1分/个；作用描述错误扣1分/个		
		明确各仪表的位号	5			
		明确各检测器位号	5			
5	识别各管线流程（工艺物料、公用工程）	理清萃取剂的流程	5	根据流程是否正确,扣除该项全部分值		
		理清原料液的流程	5			
		理清萃取相的流程	5			
		理清萃余相的流程	5			
6	绘制流程图	绘制带控制节点的流程图	15	根据流程是否正确,控制节点是否清楚；扣相应的分值		

续表

任务名称		认识填料塔萃取装置的工艺流程			评价		
序号	工作步骤	工作要点及技术要求		配分	评价标准	评价结论（合格、基本合格、不合格，严重错误要具体指出！）	评分
7	使用工具、量具、器具	使用工具、量具、器具	正确选择、规范安全使用工具、量具、器具	3	正确使用与否适当扣分		
		维护工具、量具、器具	安全、文明使用各种工具，摆放整齐，用完整理归位	2	各种工具凌乱摆放、不整理、不归位扣2分		
8	安全及其他	遵守国家法规或企业相关安全规范	安全使用水、电、气，高空作业不伤人、不伤己等安全防范意识、行为；无"跑、冒、滴、漏"或物料浪费等现象	5	违规一次扣5分，严重违规停止操作		
		按时完成工作任务，提高生产效率	按时完成工作任务，水、电及原料消耗合理，产品质量好	5	根据生产时间、物料、水、电、汽消耗及产品质量综合评价		
合计							

注：任务过程评价表中，工作要点及技术要求可根据实际教学过程进行调整；配分项中每一小项的具体配分根据该项在任务实施过程中的重要程度、任务目标等的不同，自行配分；评价标准项不设统一标准，根据任务实施过程中的需要，综合考虑各方面因素而形成。

任课老师： 年 月 日

二、自我评估与总结

试结合自身任务完成的情况，通过交流讨论等方式学习全面规范地填写本次任务的工作总结。

_____

_____

三、小组评估与总结

_____

_____

任务2　认识常用的萃取设备

姓名		班级		建议学时	
所在组		岗位		成绩	

📋 任务描述

一、任务描述

学生在接受老师指定的工作任务后，了解工作场地的环境、设备管理要求，穿戴符合劳保要求，在老师的指导下，通过现场实物观察，认识萃取装置的塔、泵、罐等主要设备的结构，掌握填料萃取塔的工作原理，并通过资料查找和三维动画观看等方式，认识其他各类典型的萃取塔，为进行后续萃取操作和设备的维护、保养打下坚实基础。工作完成后按照8S现场管理规范清理场地、归置物品、资料归档，并按照环保规定处置废弃物。

二、具体任务

1. 认识现场萃取装置的塔、泵及罐等设备的主要结构，叙述各自的作用及工作原理。
2. 查找资料，学习典型的萃取设备结构及特点。
3. 通过对比、讨论，归纳各类萃取设备的适用范围。

能力目标

1. 具备制订工作目标并按计划执行的能力。
2. 能与小组成员协作共同完成任务。
3. 能正确认识萃取设备的主要结构及工作原理。
4. 能根据不同萃取设备的特点，选择萃取设备。

🔧 任务准备

一、任务确认及本任务安全须知

1. 根据岗位需要规范穿好工作服，正确佩戴防护口罩、防护手套、安全帽等。
2. 工具（如扳手、螺丝刀）使用前检查规格是否符合要求，切忌蛮力使用。

3.操作电气设备时，注意绝缘防护，避免接触带电部位。

4.萃取设备及其内部构件认识完毕后要摆放规整。

5.及时清理地面液体，严防滑倒；严防烫伤及机械伤害，严格按照操作规程要求检查。

6.完成本任务需注意的其他安全事项。

我承诺：我已经知晓本任务及安全须知，将严格遵守并进行操作

承诺人：_____　　时间：_____

二、设备、工具的准备，填写下表

作业单号：　　　领料部门：　　　　年　　月　　日

序号	名称	规格	单位	借出时间	借用人签名	归还时间	归还人签名	管理员签名	备注

✱ 任务分析与实施

一、任务分析

萃取设备的种类很多，其结构和原理也各有区别，学习各种典型萃取设备的结构和原理，就能更好地理解各型萃取设备的优缺点，这对设备的选择和操作具有指导作用。建议按照以下步骤完成相关任务。

1.以实训现场的萃取装置为对象，完成萃取设备结构、原理，辅助设备及作用的认识。

2.通过资料查找、图片及三维动画的观看，认识其他典型萃取设备的结构、原理及特点。

二、任务实施

1.通过实训场地观察萃取装置的萃取塔,然后查阅资料,写出图8-1中各数字对应的结构。

图8-1 萃取塔

1是_____;2是_____;3是_____;4是_____;5是_____;6是_____。

2.认识萃取装置的工艺设备,并填表。

名称	规格型号或材质	主要作用(静设备)/操作要点(动设备)
空气缓冲罐		
萃取相贮槽		
轻相贮槽		
萃余相贮槽		
重相贮槽		
萃余分相罐		
重相泵		
轻相泵		
萃取塔		
气泵		

3.分小组查找资料，观看动画素材，学习各典型蒸发器的结构和原理，并完成下表。

类型	名称	结构特点	优缺点及适用场合
组合式	混合澄清器		
塔式	填料萃取塔		
	筛板萃取塔		
	转盘萃取塔		
	振动筛板萃取塔		
	脉冲填料萃取塔		
离心式	波德式离心萃取器		
	芦威式离心萃取器		

 任务评价与总结

一、任务过程评价

任务过程评价表

任务名称		认识常用的萃取设备		评价		
序号	工作步骤	工作要点及技术要求	配分	评价标准	评价结论（合格、基本合格、不合格，严重错误要具体指出！）	评分
1	入场准备	正确穿戴劳保用品（服装、安全帽等）	10	不符合要求扣5～10分		
		工具、材料、记录准备	5	选择正确与否扣1～5分		
2	认识填料萃取塔	认识填料萃取塔的主体结构（结构、原理、特点）	10	描述准确与否扣1～2分		
		认识填料萃取塔各物料接口	10	是否有漏项扣相应分		
		认识填料萃取塔上的仪表、阀门和检测器	10	是否有漏项扣相应分		
3	认识泵等	能说出物料泵和气泵的类型，明确其操作要点	15	错误一项扣3分，扣完为止		
4	认识其他动、静设备	识别本装置中其他主要动、静设备的类型，明确其操作要点	10	错误一项扣2分，扣完为止		

续表

序号	任务名称	认识常用的萃取设备		评价		
	工作步骤	工作要点及技术要求	配分	评价标准	评价结论（合格、基本合格、不合格，严重错误要具体指出！）	评分
5	使用工具、量具、器具	使用工具、量具、器具	正确选择、规范安全使用工具、量具、器具	5	正确使用与否适当扣分		
		维护工具、量具、器具	安全、文明使用各种工具，摆放整齐，用完整理归位	5	各种工具凌乱摆放、不整理、不归位扣3分		
6	安全及其他	遵守国家法规或行业企业相关安全规范	安全使用水、电、气，高空作业不伤人不伤己等安全防范意识、行为；无"跑、冒、滴、漏"或物料浪费等现象	10	违规一次扣5分，严重违规停止操作		
		按时完成工作任务，提高生产效率	按时完成工作任务，水、电及原料消耗合理，产品质量好	10	根据生产时间，物料、水、电、汽消耗及产品质量综合评价		
		合计					

注：任务过程评价表中，工作要点及技术要求可根据实际教学过程进行调整；配分项中每一小项的具体配分根据该项在任务实施过程中的重要程度、任务目标等的不同，自行配分；评价标准项不设统一标准，根据任务实施过程中的需要，综合考虑各方面因素而形成。

任课老师：　　　　年　月　日

二、自我评估与总结

试结合自身任务完成的情况，通过交流讨论等方式学习全面规范地填写本次任务的工作总结。

三、小组评估与总结

课堂笔记

任务3　操作填料萃取塔

姓名		班级		建议学时	
所在组		岗位		成绩	

📋 任务描述

一、任务描述

以小组为单位，按照实训场地规章制度要求，做好准备。根据划分岗位，按照操作规程要求，依次完成对萃取装置的开车检查、物料准备、开车、正常运行和正常停车操作，工作完成后按照8S现场管理规范清理场地、归置物品、资料归档，并按照环保规定处置废弃物。熟练掌握相关技能后，小组成员互换轮岗。

二、具体任务

1.正确规范操作萃取装置，实现系统开车。
2.分析处理生产过程中的异常现象，维持生产稳定运行，完成生产任务。
3.生产完成后，对萃取装置进行正常停车。

能力目标

1.具备制订工作目标并按计划执行的能力。
2.能与小组成员协作共同完成任务。
3.能制定并执行萃取装置开停车操作方案；能制定故障应急处理方案。
4.能按照操作规程规范，熟练完成萃取装置的开车、正常操作、停车；能正确判断各种事故并进行应急处理；会选择萃取剂，能正确认识影响萃取操作的因素。
5.通过萃取装置操作养成认真严谨的态度和吃苦耐劳的精神。
6.具备HSE意识，操作过程及现场符合HSE要求。

🛠 任务准备

一、任务确认及本任务安全须知

1.根据岗位需要规范穿好工作服，正确佩戴防护口罩、防护手套、安全

帽等。

2.工具（如扳手、螺丝刀）使用前检查规格是否符合要求，切忌蛮力使用。

3.操作电气设备时，注意绝缘防护，避免接触带电部位。

4.及时清理地面液体，严防滑倒；严防烫伤及机械伤害，严格按照操作规程要求检查。

5.完成本任务需注意的其他安全事项。

我承诺：我已经知晓本任务及安全须知，将严格遵守并进行操作

承诺人：_____ 时间：_____

二、设备、工具的准备，填写下表

作业单号： 　　领料部门： 　　　　年　　月　　日

序号	名称	规格	单位	借出时间	借用人签名	归还时间	归还人签名	管理员签名	备注

❋ 任务分析与实施

一、任务分析

本任务是以实际的生产任务为驱动，小组成员对应各自岗位操作员，按照生产规程完成对原料的萃取分离。通过对萃取装置进行开车检查、正常开车、正常运行、正常停车四个环节的完整操作，学习和训练现场工控岗位、化工仪表岗位、远程控制岗位的生产技能。建议按以下步骤完成。

1.小组共同熟悉场地、装置及生产操作任务及安全操作规程，然后进行岗位划分，明确岗位职责，共同讨论制定生产方案。

_____

_____

_____

2.按照生产规范要求，规范进行开车准备、开车、正常运行、正常停车及后处理，并做好生产记录。

_____
_____
_____

3.讨论、总结生产操作过程中的不足，制定改进措施或列出注意事项。

_____
_____
_____

二、任务实施

1.熟读萃取装置操作规程，明确生产任务和各工艺控制指标。

（1）本次生产原料为：_____，萃取剂为：_____。

（2）熟悉各项工艺指标，完成下表的填写。

工艺指标		参数值（范围）
流量控制	萃取塔进口空气流量	
	轻相泵出口流量	
	重相泵出口流量	
液位控制	萃取塔塔顶液位	
压力控制	气泵出口压力	
	空气缓冲罐压力	
	空气管道压力控制	
温度控制	轻相泵出口温度	
	重相泵出口温度	

注：如果以上工艺指标有位号，请在参数值前注明对应位号。

2.列举开车检查对象，逐一进行开车检查并记录检查情况。

序号	检查要点	检查情况	检查者
1			
2			
3			
4			
5			
…			
…			

3. 按照操作规程进行萃取的开车、正常运行和正常停车，并做好记录。

序号	时间	缓冲罐压力/MPa	分相器液位/mm	空气流量/（m³/h）	萃取相流量/（L/h）	萃余相流量/（L/h）	萃余相进口浓度/（mgNaOH/L）	萃取相出口浓度/（mgNaOH/L）	萃取效率/%
1									
2									
3									
4									
5									
6									
异常情况记录：									
操作人						操作日期			

任务评价与总结

一、任务过程评价

任务过程评价表

任务名称		操作填料萃取塔		评价		
序号	工作步骤	工作要点及技术要求	配分	评价标准	评价结论（合格、基本合格、不合格，严重错误要具体指出！）	评分
1	入场准备	正确穿戴劳保用品（服装、安全帽等）	5	不符合要求扣5分		
		工具、材料、记录准备	3	选择正确与否扣1~3分		
2	开车准备	熟悉系统温度、压力、流量及液位控制的具体指标	5	错误一个指标扣1分，扣完为止		
		正确检查装置的供电、供气、仪表、设备及阀门是否处于正常状态	5	错误一个指标扣1分，扣完为止		
		正确进行原料准备，将原料和萃取剂按要求引入相应的罐内，并达到指定液位	5	操作错误扣除全部分值		
3	正常开车	引萃取剂入塔	（1）自动状态下设置萃取塔上端沉降室油水界面液位至规定值	2	操作错误或漏操作扣2分	
			（2）全开萃取剂贮罐出口管路上的手动阀，萃取相贮罐管路上的手动阀	3	操作错误或漏操作扣3分	

续表

任务名称		操作填料萃取塔		评价		
序号	工作步骤	工作要点及技术要求	配分	评价标准	评价结论(合格、基本合格、不合格,严重错误要具体指出!)	评分
3	正常开车	引萃取剂入塔 (3)开启萃取剂泵,待出口阀压力升至规定值后,开启泵出口阀,向塔引入萃取剂	3	操作错误或漏操作扣3分		
		(4)待萃取塔中有一定液位后,设置进料流量为自动,输入规定目标值	2	操作错误或漏操作扣2分		
		引原料液入塔 (1)依次全开原料液贮罐至塔管路上的所有手动阀	3	顺序错误扣1分		
		(2)设置原料流量调节阀为自动,输入规定值	2	操作错误或漏操作扣2分		
		(3)开启原料泵,待出口阀压力升至规定值后,开启泵出口阀,向塔引入原料	5	压力未到扣2分,泵操作错误扣5分		
4	正常运行	(1)控制进出塔重相流量相等,控制塔轻重相界面至规定处	5	液位偏离每次扣2分		
		(2)控制好进塔气流,防止液泛	5	液泛扣完		
		(3)分析萃取、萃余相浓度,并作好记录,能及时判断各指标是否正常	5	根据情况扣相应分值		
		(4)按照要求巡查各界面、温度、压力、流量、液位值并做好记录	10	漏记、错记扣1分,扣完为止		
5	停车	(1)停止轻相泵,关闭轻相泵出口阀	3	操作错误扣除全部项目分		
		(2)调整重相流量至最大,使塔及分相器内轻相全部排入萃余相贮槽	3			
		(3)待萃取塔及分相器内轻相排完后,停止重相泵,关闭泵出口阀,将萃余相罐内重相、萃取塔内重相排空	3			
		(4)进行现场清理,保持设备、管路的洁净,做好操作记录,切断所有电源	5			

续表

任务名称		操作填料萃取塔			评价	
序号	工作步骤	工作要点及技术要求		配分	评价标准	评价结论（合格、基本合格、不合格，严重错误要具体指出！）	评分
6	使用工具、量具、器具	使用工具、量具、器具	正确选择、规范安全使用工具、量具、器具	3	正确使用与否适当扣分		
		维护工具、量具、器具	安全、文明使用各种工具，摆放整齐，用完整理归位	2	各种工具凌乱摆放、不整理、不归位扣2分		
7	安全与清洁生产	遵守国家法规或企业相关安全规范	安全使用水、电、气，高空作业不伤人、不伤己等安全防范意识、行为；无"跑、冒、滴、漏"或物料浪费等现象	5	违规一次扣5分，严重违规停止操作		
		按时完成工作任务，提高生产效率	按时完成工作任务，水、电及原料消耗合理，产品质量好	8	根据生产时间，物料、水、电、汽消耗及产品质量综合评价		
合计				100			

注：任务过程评价表中，工作要点及技术要求可根据实际教学过程进行调整；配分项中每一小项的具体配分根据该项在任务实施过程中的重要程度、任务目标等的不同，自行配分；评价标准项不设统一标准，根据任务实施过程中的需要，综合考虑各方面因素而形成。

任课老师：　　　　年　月　日

二、自我评估与总结

试结合自身任务完成的情况，通过交流讨论等方式学习全面规范地填写本次任务的工作总结。

_____
_____
_____

三、小组评估与总结

_____
_____
_____

项目 9

干燥装置

项目 9.1　操作流化床干燥装置

任务 1　认识流化床干燥流程

姓名		班级		建议学时	
所在组		岗位		成绩	

📰 任务描述

一、任务描述

学生在接受老师指定的工作任务后，了解工作场地的环境、设备管理要求，穿戴符合劳保要求，在老师的指导下，通过资料查询和干燥操作生产实例，掌握干燥目的及其特点、原理，为干燥操作做好理论准备。工作完成后按照 8S 现场管理规范清理场地、归置物品、资料归档，并按照环保规定处置废弃物。

二、具体任务

1. 认识对流干燥流程，能描述并能画出简单的流程图并说明流程图的含义。

2. 认识流化床干燥装置，熟悉流化床干燥流程，能说出物料走向和空气走向；能指出流化床干燥的主要设备、检测仪表和阀门等的名称和作用。

3. 认识生产上的一种流化床干燥实例，通过了解生产中几种干燥方法联合使用的情况，认识化工生产中优质高效节能和环保的前提下完成生产任务所采取的措施。

能力目标

1. 具备制订工作目标并按计划执行的能力。

2.能与小组成员协作共同完成任务。

3.能正确掌握干燥的简单流程图，干燥的基本知识，对流干燥的原理和条件以及影响对流干燥的因素。

4.能正确掌握流化床干燥的基本流程、流化床干燥的主要设备、常见控制仪表和阀门以及它们的作用。

5.能正确掌握流化床干燥在生产上的应用流程、常见的生产设备、干燥联合流程。

任务准备

一、任务确认及本任务安全须知

1.根据岗位需要规范穿好工作服，正确佩戴防护口罩、防护手套、安全帽等。

2.工具（如扳手、螺丝刀）使用前检查规格是否符合要求，切忌蛮力使用。

3.操作电气设备时，注意绝缘防护，避免接触带电部位。

4.本岗位要求：长袖、长裤防静电工作服，领口、袖口系紧。穿抗静电工作鞋；防止粉尘污染及有毒气体污染，操作过程中严格执行各项规章制度。

5.及时清理地面液体，严防滑倒；严防烫伤及机械伤害，严格按照操作规程要求检查。

6.完成本任务需注意的其他安全事项。

我承诺：我已经知晓本任务及安全须知，将严格遵守并进行操作

承诺人：_____ 时间：_____

二、设备、工具的准备，填写下表

作业单号： 领料部门： 年 月 日

序号	名称	规格	单位	借出时间	借用人签名	归还时间	归还人签名	管理员签名	备注

任务分析与实施

一、任务分析

在进行流化床干燥操作之前,学员必须掌握干燥的含义、分类及原理,重点掌握对流干燥的原理流程,建议按照以下步骤完成相关任务。

1.查阅相关书籍和资料,了解干燥操作在化工生产中的应用、特点、类别。

2.查阅相关书籍和资料,掌握流化床干燥的原理、基本流程。

二、任务实施

1.认识对流干燥流程,回答下列问题。

(1)什么叫干燥?

_____

_____

(2)什么叫对流干燥?

_____

_____

(3)对流干燥过程中空气有哪些作用?

_____

_____

(4)空气进入干燥器前为什么要预热?

_____

_____

(5)对流干燥流程图(图9-1)中各设备的作用。

图9-1 对流干燥流程示意图

名称	在本流程中设备的具体作用描述
预热器	
干燥器	

（6）绘制简单的对流干燥流程图（方框图即可）。

2.认识流化床干燥的基本流程（图9-2）回答下列问题，填表，绘制流程图。

图9-2　流化床干燥流程

（1）根据流化床干燥流程图（图9-2）及装置中的设备及编号，填写下面表格。

设备名称	在本流程中设备的具体作用描述
气泵	
预热器	
旋风分离器	
袋式除尘器	
湿物料贮罐	
螺旋式加料器	
流化床干燥器	
干物料贮罐	

（2）根据流化床干燥流程图及装置，填写流程中各个仪表、阀门等的作用。

设备类型	在本流程中的具体作用描述
涡轮流量计	
温度计测量仪	
压力测量仪	
截止阀	
球阀	

3.回答物料和空气走向问题。

（1）干燥过程湿物料从哪里进去？从哪里出来？物料平衡在装置中如何体现？请画出物料流程方框图。

_____

_____

（2）干燥用的湿空气的走向如何？湿空气在干燥过程中温度和湿度如何变化？请画出物料流程方框图。

_____

_____

4.装置中哪些地方跟操作安全和环保方面有关联？起什么作用？

_____

_____

5.绘制简单的流化床干燥流程图（方框图即可）。

6.认识生产上的一种流化床对流干燥联合流程（图9-3）并填表。

图9-3　聚氯乙烯浆料干燥工艺流程

1—混料槽；2—树脂过滤器；3—浆料泵；4—沉降式离心机；5—螺旋输送机；
6—送料器；7—气流干燥器；8—旋风分离器；9—加料器；10—流化床干燥器；
11—鼓风机；12—预热器；13—抽风机；14—消声器；15—滚动筛；16—振动筛

（1）识读工艺流程图（图9-3），填写表格。

序号	设备名称	在本流程中设备的具体作用描述
1	混料槽	
2	树脂过滤器	
3	浆料泵	
4	沉降式离心机	
5	螺旋输送机	
6	送料器	
7	气流干燥器	
8	旋风分离器	
9	加料器	
10	流化床干燥器	
11	鼓风机	
12	预热器	
13	抽风机	
14	消声器	
15	滚动筛	
16	振动筛	

（2）根据设备作用归类，填写表格。

序号	设备类型	设备名称
1	干燥器	
2	除尘设备	
3	输送设备	
4	加热设备	
5	其他设备	

（3）完成以下工艺流程的填空。

① 聚氯乙烯浆料干燥系统

聚氯乙烯浆料进入1号设备_____，从混料槽底部出来经过过滤器，再由_____送入4号设备_____，在此将大量的水分甩出，浆料再经_____和_____送入7号设备_____，经过一次干燥后的聚氯乙烯湿料进入_____与空气分离，再进入沸腾干燥器，经过二次干燥后，通过滚动筛和振动筛疏松后，得到干燥后的产品。

② 空气系统

第一段气流干燥系统：空气作为干燥介质由11号设备_____送入，先由_____将空气加热，因为热空气的干燥效率高，热空气进入气流干燥器，使浆料中的大部分水分汽化，然后与湿料一起进入旋风分离器，空气与湿料分离后，从旋风分离器顶部排放。

第二段沸腾干燥系统：空气作为干燥介质由11号设备_____送入，先由_____将空气加热，热空气进入沸腾干燥器，使湿料中的水分汽化，然后与湿料一起进入_____，空气与干料分离后，从旋风分离器顶部排放。

7. 流化床干燥流程采用哪些能量的利用和安全环保措施？请写出相关设备名称和工艺步骤中的绿色环保和安全措施内容。

任务评价与总结

一、任务过程评价

任务过程评价表

任务名称:认识流化床干燥流程 任务实施时间:6~8课时			任务评价			
序号	工作步骤	工作要点及技术要求	评价标准	配分	结论	得分
1	入场准备	穿戴劳保用品 工具、材料、记录准备	不符合要求扣5分;选择错误每项扣1分,扣完为止	5		
2	认识对流干燥流程	(1)识读对流干燥流程方框简图	叙述正确与否扣1~5分	5		
		(2)准确叙述流程图中各步骤的具体作用和要求	描述准确与否扣1~5分	5		
		(3)绘制对流干燥流程方框图	绘制准确与否扣1~5分	5		
3	认识流化床干燥流程	认识流程图	认识流化床干燥工艺流程图,认识现场装置	叙述正确与否扣1~3分	3	
		识别流化床干燥装置主要设备	准确识别装置的主体设备名称(流化床干燥器、风机、旋风分离器等),准确描述各主体设备的作用	描述正确与否扣1~10分;是否有漏项扣相应分	10		
		识别仪表、阀门	识别调节仪表、检测器、阀门编号、名称和作用	描述正确与否扣1~5分;是否有漏项扣相应分	5		
		识别各管线流程(工艺物料、公用工程)	识别现场物料的流程,能叙述物料的来龙去脉	根据流程是否正确,扣1~3分	3		
			识别现场热空气的流程,能叙述空气的来龙去脉	根据流程是否正确,扣1~3分	3		
		使用工具、量具、器具	正确选择、规范安全使用工具、量具、器具	正确使用与否适当扣1~2分	2		
			安全、文明使用各种工具,摆放整齐,用完整理归位	各种工具凌乱摆放、不整理、不归位扣1分	1		
		绘制流程图	根据现场装置流程绘制流化床干燥工艺流程图	根据流程是否正确,扣1~8分	8		
4	认识生产上的一种流化床干燥流程和气流干燥的联合流程	案例介绍,了解案例中的干燥的目的	描述正确与否扣1~5分	5		
		识读案例流程图	描述正确与否扣1~7分	7		
		识别干燥装置设备编号、作用	流化床干燥器、流化床干燥器工艺作用	描述正确与否扣1~5分	5		

续表

任务名称：认识流化床干燥流程 任务实施时间：6～8课时			任务评价		
序号	工作步骤	工作要点及技术要求	评价标准	配分	结论	得分
4	认识生产上的一种流化床干燥流程和气流干燥的联合流程	识别干燥装置中的辅助设备编号、作用：（1）气固分离设备（旋风分离器、袋滤器）（2）输送物料设备（泵、风机、螺旋输送）（3）固液分离设备（沉降式离心机）（4）加热设备（预热器）（5）其他设备（消声器、振动筛、滚动筛等）	描述正确与否扣1～8分	8		
		识别物料走向，案例中聚氯乙烯从浆料如何变成干燥的聚氯乙烯合格产品	根据流程是否正确，扣1～5分	5		
		识别干燥介质的空气走向，案例中第一段气流干燥系统、第二段沸腾干燥系统中空气的走向	根据流程是否正确，扣1～5分	5		
5	安全、环保及其他	遵守国家法规或企业相关安全规范；安全使用水、电、气，高空作业不伤人、不伤己等安全防范意识、行为；无"跑、冒、滴、漏"或物料浪费等现象	是否违反规定扣1～5分；根据生产时间，物料、水、电、汽消耗及产品质量综合评价扣1～5分；违规一次扣5分，严重违规停止操作	5		
		按时完成工作任务，绿色生产，提高生产效率；水、电及原料消耗合理，产品质量好				
		能了解本任务中安全环保节能方面内容（空气放空系统热能的利用及废料回收、废气净化）	根据回答内容是否正确扣1～5分	5		
合计				100		

任课老师：　　　　年　月　日

二、自我评估与总结

试结合自身任务完成的情况，通过交流讨论等方式学习全面规范地填写本次任务的工作总结。

三、小组评估与总结

📝 课堂笔记

任务2 认识流化床干燥设备

姓名		班级		建议学时	
所在组		岗位		成绩	

📋 任务描述

一、任务描述

学生在接受老师指定的工作任务后,了解工作场地的环境、设备管理要求,穿戴符合劳保要求,在老师的指导下,通过资料查询和干燥操作生产实例,掌握流化床干燥器的组成部分和结构原理,了解其特点,并熟悉流化床干燥器常见的除尘和物料输送等附属设备。工作完成后按照8S现场管理规范清理场地、归置物品、资料归档,并按照环保规定处置废弃物。

二、具体任务

1.通过观察流程图、观看动画,写出常见流化床干燥器由哪些部分构成。

2.通过现场观察卧式多层流化床干燥器设备结构图,填写表格,描述流化床干燥器的工作原理。

3.查阅资料和讨论学习,熟悉流化床干燥器的特点。

4.通过现场观察和查阅资料,了解流化床干燥装置中常见的附属设备(除尘装置、固体物料输送装置、加热装置等)名称及作用。

能力目标

1.具备制订工作目标并按计划执行的能力。

2.能与小组成员协作共同完成任务。

3.能正确掌握常见流化床干燥器的构成。

4.能正确掌握流化床干燥器的工作原理、干燥特点。

5.能正确掌握流化床干燥装置中常见的附属设备名称及作用。

🔧 任务准备

一、任务确认及本任务安全须知

1.根据岗位需要规范穿好工作服,正确佩戴防护口罩、防护手套、安全帽等。

2.工具（如扳手、螺丝刀）使用前检查规格是否符合要求，切忌蛮力使用。

3.操作电气设备时，注意绝缘防护，避免接触带电部位。

4.流化床干燥器及其内部构件认识完毕后要摆放规整。

5.及时清理地面液体，严防滑倒；严防烫伤及机械伤害，严格按照操作规程要求检查。

6.完成本任务需注意的其他安全事项。

我承诺：我已经知晓本任务及安全须知，将严格遵守并进行操作

承诺人：_____ 时间：_____

二、设备、工具的准备，填写下表

作业单号： 领料部门： 年 月 日

序号	名称	规格	单位	借出时间	借用人签名	归还时间	归还人签名	管理员签名	备注

✱ 任务分析与实施

一、任务分析

在学习流化床干燥设备之前，学员必须掌握流化床干燥基本流程和常见主要设备，会画常见的流化床干燥流程图。建议按照以下步骤完成相关任务：

1.查阅相关书籍和资料，了解干燥操作在化工生产中的应用、特点、类别。

2.查阅相关书籍和资料，掌握流化床干燥的基本流程。

3.查阅相关书籍和资料，掌握流化床干燥常见的设备及作用。

4.查阅相关书籍和资料，了解流化床干燥的基本过程中的节能降耗、绿色环保等措施的实施情况。

二、任务实施

1.通过观察流程图、观看动画,写出常见流化床干燥器由哪些部分构成。

名称	功能

2.通过现场观察卧式多层流化床干燥器设备结构图,填写表格,描述流化床干燥器的工作原理。

图中序号	设备名称	设备的具体作用描述
	多孔分布挡板	
	加料器	
	出料口	
	挡板	
	物料通道	
	出口堰板	

工作原理描述:

3.查阅资料和讨论学习，熟悉流化床干燥器的特点。

优点：

缺点：

应用：

4.通过现场观察和查阅资料，了解流化床干燥装置中常见的附属设备（除尘装置、固体物料输送装置、加热装置等）名称及作用。

（1）写出除尘设备名称和主要特点。

	设备名称	设备的具体作用描述
普通旋风除尘器（入口、出口管、圆筒部、圆锥部、集尘室）		
	设备名称	设备的具体作用描述

（2）写出固体物料输送设备名称和主要特点。

	设备名称	设备的具体作用描述
(a) 外形　　(b) 带式输送机的结构		
进料／出料（螺旋输送机图示）		
(a) 吸送式　　(b) 压送式		

任务评价与总结

一、任务过程评价

任务过程评价表

任务名称：认识流化床干燥设备　任务实施时间：2～4课时			任务评价		
序号	工作步骤	工作要点及技术要求	评价标准	配分	结论	得分
1	准备工作	穿戴劳保用品	不符合要求扣1～3分；扣完为止	5		
		工具、材料、记录准备	选择正确与否扣1～2分；扣完为止	5		
2	认识常见流化床干燥器的组成部分	熟悉主要设备及作用	描述准确与否扣1～2分；是否有漏项扣相应分；扣完为止	15		
3	流化床干燥器原理和结构	掌握工作原理	描述准确与否扣1～15分	15		
		掌握主体结构	描述准确与否扣1～25分	25		

续表

序号	工作步骤	任务名称：认识流化床干燥设备 任务实施时间：2～4课时		任务评价			
		工作要点及技术要求	评价标准	配分	结论	得分	
4	流化床干燥器的特点	熟悉优缺点	描述准确与否扣1～10分	10			
		了解适用范围	描述准确与否扣1～5分	5			
5	认识常见流化床干燥附属设备	熟悉除尘装置（旋风分离器、袋滤器）	错误一项扣2分，是否有漏项扣相应分；扣完为止	5			
		了解固体颗粒输送装置（带式输送机、螺旋输送机）	错误一项扣2分；是否有漏项扣相应分；扣完为止	5			
6	安全、环保及其他	遵守国家法规或企业相关安全规范；安全使用水、电、气，高空作业不伤人、不伤己等安全防范意识、行为	违规一次扣5分，严重违规停止操作	5			
		绿色生产，提高生产效率；水、电及原料消耗合理，产品质量好，无"跑、冒、滴、漏"或物料浪费等现象	根据生产时间，物料、水、电、汽消耗及产品质量综合评价，扣1～5分	5			
		合计		100			

任课老师：　　　　　年　月　日

二、自我评估与总结

试结合自身任务完成的情况，通过交流讨论等方式学习全面规范地填写本次任务的工作总结。

三、小组评估与总结

✏ 课堂笔记

任务3　操作流化床干燥实训装置

姓名		班级		建议学时	
所在组		岗位		成绩	

📋 任务描述

一、任务描述

学生在接受老师指定的工作任务后，了解工作场地的环境、设备管理要求，穿戴符合劳保要求，在老师的指导下，通过资料查询和干燥操作生产实例，熟悉流化床干燥器实训装置流程，熟悉主要设备、仪表阀门的作用；熟悉物料和空气的走向；掌握流化床干燥器操作开车、运行和停车步骤；了解流化床干燥过程的常见问题及处理方法。

工作完成后按照8S现场管理规范清理场地、归置物品、资料归档，并按照环保规定处置废弃物。

二、具体任务

1.通过观察流程图、观看动画，认识现场装置，熟悉流化床干燥器实训装置流程，熟悉主要设备、仪表阀门的作用，熟悉物料和空气的走向。

2.掌握流化床干燥器操作开车、运行和停车步骤；了解流化床干燥过程的常见问题及处理方法。

能力目标

1.具备制订工作目标并按计划执行的能力。

2.能与小组成员协作共同完成任务。

3.能制定并执行离心泵开停车仿真操作方案；能制定故障应急处理方案。

4.能正确操作流化床干燥器开车、运行和停车；能正确判断各种事故并进行应急处理。

5.通过流化床干燥器的操作培养认真严谨的态度和吃苦耐劳的精神。

6.具备HSE意识，操作过程及现场符合HSE要求。

🔧 任务准备

一、任务确认及本任务安全须知

1.根据岗位需要规范穿好工作服，正确佩戴防护口罩、防护手套、安全

帽等。

2.工具（如扳手、螺丝刀）使用前检查规格是否符合要求，切忌蛮力使用。

3.操作电气设备时，注意绝缘防护，避免接触带电部位。

4.及时清理地面液体，严防滑倒；严防烫伤及机械伤害，严格按照操作规程要求检查。

5.完成本任务需注意的其他安全事项。

我承诺：我已经知晓本任务及安全须知，将严格遵守并进行操作

承诺人：_____ 时间：_____

二、设备、工具的准备，填写下表

作业单号：　　　　领料部门：　　　　　　年　　月　　日

序号	名称	规格	单位	借出时间	借用人签名	归还时间	归还人签名	管理员签名	备注

✹ 任务分析与实施

一、任务分析

在学习流化床干燥操作之前，学员必须掌握流化床干燥基本流程和常见主要设备，会画常见的流化床干燥流程图。建议按照以下步骤完成相关任务：

1.查阅相关书籍和资料，了解干燥操作在化工生产中的应用、特点、类别。

2.查阅相关书籍和资料，掌握流化床干燥的基本流程。

3.查阅相关书籍和资料，掌握流化床干燥常见的设备及作用。

4.查阅相关书籍和资料，了解流化床干燥的基本过程中的节能降耗、绿色环保等措施的实施情况。

二、任务实施

1.识别流程中的设备名称及作用（见图9-2）。

2. 识别流程中仪表及阀门的作用,(见本项目任务1)。

3. 识别工艺管线,画出空气和物料流程。

(1)空气流程:

(2)物料流程:

4. 数据记录和处理

<table>
<tr><th colspan="10">流化床干燥器操作数据记录</th></tr>
<tr><th>操作过程</th><th>时间</th><th>气泵流量/(L/h)</th><th>预热器进口空气温度/℃</th><th>预热器出口空气温度/℃</th><th>流化床塔底进口空气温度/℃</th><th>流化床床层温度/℃</th><th>流化床塔压/atm</th><th>流化床塔顶出风温度/℃</th><th>备注</th></tr>
<tr><td rowspan="3">开车</td><td></td><td></td><td></td><td></td><td></td><td></td><td></td><td></td><td></td></tr>
<tr><td></td><td></td><td></td><td></td><td></td><td></td><td></td><td></td><td></td></tr>
<tr><td></td><td></td><td></td><td></td><td></td><td></td><td></td><td></td><td></td></tr>
<tr><td rowspan="12">运行</td><td></td><td></td><td></td><td></td><td></td><td></td><td></td><td></td><td></td></tr>
<tr><td></td><td></td><td></td><td></td><td></td><td></td><td></td><td></td><td></td></tr>
<tr><td></td><td></td><td></td><td></td><td></td><td></td><td></td><td></td><td></td></tr>
<tr><td></td><td></td><td></td><td></td><td></td><td></td><td></td><td></td><td></td></tr>
<tr><td></td><td></td><td></td><td></td><td></td><td></td><td></td><td></td><td></td></tr>
<tr><td></td><td></td><td></td><td></td><td></td><td></td><td></td><td></td><td></td></tr>
<tr><td></td><td></td><td></td><td></td><td></td><td></td><td></td><td></td><td></td></tr>
<tr><td></td><td></td><td></td><td></td><td></td><td></td><td></td><td></td><td></td></tr>
<tr><td></td><td></td><td></td><td></td><td></td><td></td><td></td><td></td><td></td></tr>
<tr><td></td><td></td><td></td><td></td><td></td><td></td><td></td><td></td><td></td></tr>
<tr><td></td><td></td><td></td><td></td><td></td><td></td><td></td><td></td><td></td></tr>
<tr><td></td><td></td><td></td><td></td><td></td><td></td><td></td><td></td><td></td></tr>
<tr><td rowspan="7">停车</td><td></td><td></td><td></td><td></td><td></td><td></td><td></td><td></td><td></td></tr>
<tr><td></td><td></td><td></td><td></td><td></td><td></td><td></td><td></td><td></td></tr>
<tr><td></td><td></td><td></td><td></td><td></td><td></td><td></td><td></td><td></td></tr>
<tr><td></td><td></td><td></td><td></td><td></td><td></td><td></td><td></td><td></td></tr>
<tr><td></td><td></td><td></td><td></td><td></td><td></td><td></td><td></td><td></td></tr>
<tr><td></td><td></td><td></td><td></td><td></td><td></td><td></td><td></td><td></td></tr>
<tr><td></td><td></td><td></td><td></td><td></td><td></td><td></td><td></td><td></td></tr>
</table>

5.操作流化床干燥装置,回答下列问题。

(1)为什么开始操作时,必须先开风机,后开加热器;而操作结束时,一定要先关加热器,待空气温度接近室温时,再关风机?

_____

_____

(2)使用旋风分离器的目的是什么?

_____

_____

(3)你能叙述出流化床干燥器的流程吗?

_____

_____

任务评价与总结

一、任务过程评价

任务过程评价表

任务名称:操作流化床干燥实训装置 任务实施时间:4~6课时			任务评价			
序号	工作步骤	工作要点及技术要求	评价标准	配分	结论	得分
1	入场准备	穿戴劳保用品	不符合要求扣1~2分	2		
		工具、材料、记录准备	选择正确与否扣1~2分	2		
2	熟悉流程和操作内容	熟悉现场流化床干燥流程	描述正确与否扣1~5分,扣完为止	5		
		熟悉设备仪表阀门的作用	错误一个扣1分,扣完为止	5		
		熟悉干燥操作的具体要求	描述正确与否扣1~5分	5		
		熟悉系统温度、压力、流量及液位控制的具体指标	错误一个指标扣1分,扣完为止	3		
3	开车准备	全面检查系统:正确检查装置的供电、供气	错误一项扣1分,未检查一个扣2分,扣完为止;严重违规停止作业	10		
		仪表、设备及阀门是否处于正常状态				
		检查和清除干燥装置和传动系统附近的障碍物				
		查看各安全保护装置是否齐全牢固				
		检查快速水分检测仪是否灵敏,开启待用;检查电子天平是否灵敏,开启待用				
		准备物料	未准备扣2分;不正确扣1分	2		

续表

任务名称：操作流化床干燥实训装置 任务实施时间：4～6课时			任务评价			
序号	工作步骤	工作要点及技术要求	评价标准	配分	结论	得分
4	正常开车	开风机，通入空气	操作错误或漏操作扣5分；严重违规停止作业	15		
		开电加热，加热空气				
		投入湿物料				
5	正常运行	注意观察各点的温度，空气的流量是否稳定，若出现变化应随时调节，确保干燥过程在稳定的条件下进行；巡回检查，发现问题及时解决	未检查每项一次扣5分；未调节每次扣3分，扣完为止，严重违规停止作业	10		
6	停车	关加料系统，停止进湿物料	操作错误或漏操作扣5分，未清理现场或清理不合格扣1～5分，扣完为止	14		
		关预热器电源，停止空气加热				
		关气泵，停空气				
		切断总电源，清理现场				
7	数据记录和整理	及时准确记录过程数据	错误或漏记一次扣2分；伪造数据扣8分	8		
		按照正确方法处理结果	根据数据处理正确与否扣1～4分，扣完为止	4		
8	使用工具、量具、器具	正确选择、规范安全使用工具、量具、器具	正确使用与否适当扣1～3分	3		
		安全、文明使用各种工具，摆放整齐，用完整理归位	各种工具凌乱摆放、不整理、不归位扣2分	2		
9	安全与清洁生产	遵守国家法规或企业相关安全规范，安全使用水、电、气，高空作业不伤人、不伤己等安全防范意识、行为；无"跑、冒、滴、漏"或物料浪费等现象	违规一次扣5分，严重违规停止操作	5		
		按时完成工作任务，提高生产效率，水、电及原料消耗合理，产品质量好	根据生产时间，物料、水、电、汽消耗及产品质量综合评价	5		
合计				100		

任课老师： 　　　　年 月 日

二、自我评估与总结

试结合自身任务完成的情况，通过交流讨论等方式学习全面规范地填写本次任务的工作总结。

三、小组评估与总结

✎ 课堂笔记

项目9.2　操作喷雾干燥装置

任务1　认识喷雾干燥的工艺流程

姓名		班级		建议学时	
所在组		岗位		成绩	

📋 任务描述

一、任务描述

学生在接受老师指定的工作任务后，了解工作场地的环境、设备管理要求，穿戴符合劳保要求，在老师的指导下，通过资料查询和喷雾干燥操作生产实例，掌握喷雾干燥目的及其特点、原理，为喷雾干燥操作做好理论准备。工作完成后按照8S现场管理规范清理场地、归置物品、资料归档，并按照环保规定处置废弃物。

二、具体任务

1.通过识读喷雾干燥流程图，现场观察喷雾干燥实训装置，识别主要设备、附属设备及仪表阀门的类型和作用。

2.清楚物料流程、空气流程及工艺管线的来龙去脉。

3.根据喷雾干燥流程图和现场观察实训装置，绘制喷雾干燥流程图（方框图即可）。

4.喷雾干燥过程中能量的利用和安全环保内容。

能力目标

1.具备制订工作目标并按计划执行的能力。

2.能与小组成员协作共同完成任务。

3.能识别喷雾干燥装置的主要设备、附属设备及仪表阀门的类型和作用。

4.能正确区分清楚物料流程、空气流程。

5.能绘制喷雾干燥流程图（方框图即可）。

任务准备

一、任务确认及本任务安全须知

1. 根据岗位需要规范穿好工作服，正确佩戴防护口罩、防护手套、安全帽等。

2. 工具（如扳手、螺丝刀）使用前检查规格是否符合要求，切忌蛮力使用。

3. 操作电气设备时，注意绝缘防护，避免接触带电部位。

4. 及时清理地面液体，严防滑倒；严防烫伤及机械伤害，严格按照操作规程要求检查。

5. 完成本任务需注意的其他安全事项。

我承诺：我已经知晓本任务及安全须知，将严格遵守并进行操作

承诺人：＿＿＿＿＿＿　　时间：＿＿＿＿＿＿

二、设备、工具的准备，填写下表

作业单号：　　　　领料部门：　　　　　年　　月　　日

序号	名称	规格	单位	借出时间	借用人签名	归还时间	归还人签名	管理员签名	备注

任务分析与实施

一、任务分析

在进行喷雾干燥操作之前，学员必须掌握干燥的含义、分类及原理，重点掌握对流干燥的原理流程，建议按照以下步骤完成相关任务：

1. 查阅相关书籍和资料，了解干燥操作在化工生产中的应用、特点、类别；

2. 查阅相关书籍和资料，掌握喷雾干燥的原理、基本流程。

3.熟悉喷雾干燥流程中主要设备、仪表阀门的作用。

二、任务实施

1.识读喷雾干燥的工艺流程图（图9-4），叙述喷雾干燥的基本流程。

图9-4　喷雾干燥工艺流程图

写出喷雾干燥流程：

2.识别喷雾干燥装置的主要设备、仪器的编号及作用，填写下表。

序号	设备名称	在本流程中设备的具体作用描述
1	空气过滤器	
2	送风机	
3	调节阀	
4	加热器	
5	热风过滤器	
6	温度检测仪	
7	流量计	
8	喷雾干燥器	
9	温度检测仪	

序号	设备名称	在本流程中设备的具体作用描述
10	旋风分离器	
11	排风机	
12	袋滤器	
13	原料罐	
14	截止阀（送料泵进口阀）	
15	送料泵	
16	截止阀（送料泵出口阀）	
17	流量计	

3. 识别喷雾干燥流程图和现场的各管线流程，画出物料和空气走向的流程方框图。

空气流程：

_____

_____

物料流程：

_____

_____

4. 绘制喷雾干燥流程图（方框图即可）。

5. 喷雾干燥流程采用哪些能量的利用和安全环保措施？请写出相关设备名称和工艺步骤中的绿色环保和安全措施内容。

_____

_____

任务评价与总结

一、任务过程评价

任务过程评价表

任务名称：认识喷雾干燥的工艺流程 任务实施时间：4课时			任务评价			
序号	工作步骤	工作要点及技术要求	评价标准	配分	结论	评分
1	准备工作	正确穿戴劳保用品（服装、安全帽等）	不符合要求扣3分；选择错误每项扣1分，扣完为止	5		
		工具、材料、记录准备	选择错误每项扣1分，扣完为止	5		
2	认识喷雾干燥的流程	识读喷雾干燥的工艺流程简图（方框图），能叙述喷雾干燥的目的和任务	描述准确与否扣1~5分	8		
3	识别喷雾干燥装置主要设备	准确识别装置的主体设备编号和名称（喷雾干燥器、风机、旋风分离器等）	描述准确与否扣1~5分	6		
		准确描述各主体设备的作用	描述准确与否扣1~5分，扣完为止	10		
		填写表格	填写准确与否扣1~3分	3		
4	识别阀门和调节仪表	准确识别各仪表、阀门的编号和类型	描述正确与否扣1~5分；是否有漏项扣相应分	8		
		准确描述各阀门、仪表的作用	描述正确与否扣1~5分；是否有漏项扣相应分	5		
		填写表格	填写准确与否扣1~3分	3		
5	识别各管线流程（工艺物料、公用工程）	理清干湿物料的流程，能叙述物料的来龙去脉	描述正确与否扣1~5分；是否有漏项扣相应分	5		
		理清热空气的流程，能叙述空气的来龙去脉	描述正确与否扣1~5分；是否有漏项扣相应分	5		
		画出物料和空气走向的流程方框图	根据流程是否正确，扣1~3分	8		
6	绘制流程图	绘制喷雾干燥工艺流程图	根据流程是否正确，扣1~8分	10		
7	使用工具、量具、器具	使用：正确选择、规范安全使用工具、量具、器具	正确使用与否适当扣1~2分	2		
		维护：安全、文明使用各种工具，摆放整齐，用完整理归位	各种工具凌乱摆放、不整理、不归位扣1分	2		

续表

任务名称：认识喷雾干燥的工艺流程 任务实施时间：4课时			任务评价		
序号	工作步骤	工作要点及技术要求	评价标准	配分	结论	评分
8	安全环保及其他	遵守国家法规或企业相关安全规范；安全使用水、电、气，高空作业不伤人、不伤己等安全防范意识、行为；无"跑、冒、滴、漏"或物料浪费等现象	是否违反规定扣1～5分	5		
		按时完成工作任务，绿色生产，提高生产效率；水、电及原料消耗合理，产品质量好	根据生产时间，物料、水、电、汽消耗及产品质量综合评价扣1～5分；违规一次扣5分，严重违规停止操作	5		
		能了解本任务中安全环保节能方面内容	根据回答内容是否正确扣1～5分	5		
合计				100		

任课老师：　　　　　　年　月　日

二、自我评估与总结

试结合自身任务完成的情况，通过交流讨论等方式学习全面规范地填写本次任务的工作总结。

_____

_____

三、小组评估与总结

_____

_____

📝 课堂笔记

任务2　认识喷雾干燥设备

姓名		班级		建议学时	
所在组		岗位		成绩	

📋 任务描述

一、任务描述

学生在接受老师指定的工作任务后，了解工作场地的环境、设备管理要求，穿戴符合劳保要求，在老师的指导下，通过资料查询和干燥操作生产实例，掌握喷雾干燥器的组成部分和结构原理，了解其特点，并熟悉喷雾干燥器常见的除尘和物料输送等附属设备。工作完成后按照8S现场管理规范清理场地、归置物品、资料归档，并按照环保规定处置废弃物。

二、具体任务

1. 通过观察流程图、观看动画，写出常见喷雾干燥器的构成。
2. 通过现场观察喷雾干燥器设备结构图，填写表格，描述喷雾干燥器的工作原理。
3. 查阅资料和讨论学习，熟悉喷雾干燥器的特点。
4. 通过现场观察和查阅资料，了解喷雾干燥装置中常见的附属设备（除尘装置、固体物料输送装置、加热装置等）名称及作用。

能力目标

1. 具备制订工作目标并按计划执行的能力。
2. 能与小组成员协作共同完成任务。
3. 能正确掌握常见喷雾干燥器的构成、特点。
4. 能正确掌握喷雾干燥器的工作原理和结构。
5. 能正确掌握喷雾干燥装置中常见的附属设备名称及作用。

🛠 任务准备

一、任务确认及本任务安全须知

1. 根据岗位需要规范穿好工作服，正确佩戴防护口罩、防护手套、安全帽等。
2. 工具（如扳手、螺丝刀）使用前检查规格是否符合要求，切忌蛮力使用。

3.操作电气设备时，注意绝缘防护，避免接触带电部位。

4.常见喷雾干燥器及其内部构件、附属设备认识完毕后要摆放规整。

5.及时清理地面液体，严防滑倒；严防烫伤及机械伤害，严格按照操作规程要求检查。

6.完成本任务需注意的其他安全事项。

我承诺：我已经知晓本任务及安全须知，将严格遵守并进行操作

承诺人：_____ 时间：_____

二、设备、工具的准备，填写下表

作业单号：　　　　领料部门：　　　　　年　　月　　日

序号	名称	规格	单位	借出时间	借用人签名	归还时间	归还人签名	管理员签名	备注

✱ 任务分析与实施

一、任务分析

在学习喷雾干燥设备之前，学员必须掌握对流干燥基本流程和常见主要设备，会画常见的干燥流程图。建议按照以下步骤完成相关任务：

1.查阅相关书籍和资料，了解干燥操作在化工生产中的应用、特点、类别。

2.查阅相关书籍和资料，掌握喷雾干燥的基本流程。

3.查阅相关书籍和资料，掌握喷雾干燥常见的设备及作用。

4.查阅相关书籍和资料，了解喷雾干燥的基本过程中的节能降耗、绿色环保等措施的实施情况。

二、任务实施

1.通过观察流程图、观看动画，写出常见喷雾干燥器的构成。

2.从绿色环保角度分析废气回收装置的作用。

3.通过现场观察喷雾干燥器设备结构图（图9-5），填写表格，描述喷雾干燥器的工作原理。

图9-5 喷雾干燥器

名称	设备的具体作用描述
1 操作室	
2 旋转十字管	
3	
4，9 袋滤器	
5，10 废气排出口	
6	
7	
8 螺旋卸料器	
喷雾干燥器工作原理描述：	

4.查阅资料和讨论学习，熟悉喷雾干燥器的特点。

喷雾干燥器优点：

喷雾干燥器缺点：

喷雾干燥器应用：

5.通过现场观察和查阅资料，了解喷雾干燥装置中常见的附属设备（除尘装置、固体物料输送装置、加热装置等）名称及作用。

（1）除尘设施。

（2）固体输送设备。

（3）气体压缩机。

任务评价与总结

一、任务过程评价

任务过程评价表

任务名称：认识喷雾干燥设备　　任务实施时间：4课时			任务评价			
序号	工作步骤	工作要点及技术要求	评价标准	配分	结论	得分
1	准备工作	穿戴劳保用品	不符合要求扣1～3分；扣完为止	5		
		工具、材料、记录准备	选择正确与否扣1～2分；扣完为止	5		
2	常见喷雾干燥器的组成部分	熟悉主要设备及作用	描述准确与否扣1～2分；是否有漏项扣相应分；扣完为止	15		
3	喷雾干燥器原理和结构	掌握工作原理	描述准确与否扣1～15分	15		
		掌握主体结构	描述准确与否扣1～25分	25		
4	喷雾干燥器的特点	熟悉优缺点	描述准确与否扣1～10分	10		
		了解适用范围	描述准确与否扣1～5分	5		
5	常见喷雾干燥附属设备	熟悉除尘装置（旋风分离器、袋滤器）	错误一项扣2分，是否有漏项扣相应分；扣完为止	5		
		了解固体颗粒输送装置（带式输送机、螺旋输送机）	错误一项扣2分；是否有漏项扣相应分；扣完为止	5		
6	安全、环保及其他	遵守国家法规或企业相关安全规范；安全使用水、电、气，高空作业不伤人、不伤己等安全防范意识、行为	违规一次扣5分，严重违规停止操作	5		
		绿色生产，提高生产效率；水、电及原料消耗合理，产品质量好，无"跑冒、滴、漏"或物料浪费等现象	根据生产时间，物料、水、电、汽消耗及产品质量综合评价，扣1～5分	5		
合计				100		

任课老师：　　　　　年　月　日

二、自我评估与总结

试结合自身任务完成的情况，通过交流讨论等方式学习全面规范地填写本次任务的工作总结。

三、小组评估与总结

任务3　操作喷雾干燥实训装置

姓名		班级		建议学时	
所在组		岗位		成绩	

📋 任务描述

一、任务描述

学生在接受老师指定的工作任务后，了解工作场地的环境、设备管理要求，穿戴符合劳保要求，在老师的指导下，通过资料查询和干燥操作生产实例，熟悉喷雾干燥器实训装置流程，熟悉主要设备、仪表阀门的作用；熟悉物料和空气的走向；掌握喷雾干燥器操作开车、运行和停车步骤；了解喷雾干燥过程的常见问题及处理方法。

工作完成后按照8S现场管理规范清理场地、归置物品、资料归档，并按照环保规定处置废弃物。

二、具体任务

1.通过观察喷雾干燥流程图、观看动画，认识现场装置，熟悉喷雾干燥器实训装置流程，熟悉主要设备、仪表阀门的作用，熟悉物料和空气的走向。

2.掌握喷雾干燥器操作开车、运行和停车步骤；了解喷雾干燥过程的常见问题及处理方法。

能力目标

1.具备制订工作目标并按计划执行的能力。

2.能与小组成员协作共同完成任务。

3.能正确掌握喷雾干燥器实训装置流程、主要设备、仪表阀门的作用。

4.能正确掌握喷雾干燥器操作开车、运行和停车步骤。

5.能正确掌握喷雾干燥过程的常见问题及处理方法。

🔧 任务准备

一、任务确认及本任务安全须知

1.根据岗位需要规范穿好工作服，正确佩戴防护口罩、防护手套、安全

帽等。

2.工具（如扳手、螺丝刀）使用前检查规格是否符合要求，切忌蛮力使用。

3.操作电气设备时，注意绝缘防护，避免接触带电部位。

4.喷雾干燥器操及其内部构件认识完毕后要摆放规整。

5.及时清理地面液体，严防滑倒；严防烫伤及机械伤害，严格按照操作规程要求检查。

6.完成本任务需注意的其他安全事项。

我承诺：我已经知晓本任务及安全须知，将严格遵守并进行操作

承诺人：_____ 时间：_____

二、设备、工具的准备，填写下表

作业单号：　　　　领料部门：　　　　　　年　　月　　日

序号	名称	规格	单位	借出时间	借用人签名	归还时间	归还人签名	管理员签名	备注

✹ 任务分析与实施

一、任务分析

在学习喷雾干燥操作之前，学员必须掌握喷雾干燥基本流程和常见主要设备，会画常见的喷雾干燥流程图。建议按照以下步骤完成相关任务。

1.查阅相关书籍和资料，了解干燥操作在化工生产中的应用、特点、类别。

2.查阅相关书籍和资料，掌握喷雾干燥的基本流程。

3.查阅相关书籍和资料，掌握喷雾干燥常见的设备及作用。

4.查阅相关书籍和资料，了解喷雾干燥的基本过程中的节能降耗、绿色环保等措施的实施情况。

二、任务实施

根据图9-6中喷雾干燥实训装置流程（气流雾化法）完成任务。

图9-6　喷雾干燥实训装置流程（气流雾化法）

1. 识别喷雾干燥实训装置流程中的设备名称及作用，填写下表。

序号	设备名称	在本流程中设备的具体作用描述
1	空气过滤器	
2	送风机	
3	送风流量调节阀	
4	加热器	
5	热风过滤器	
6	进风温度测量仪	
7	流量计	
8	喷雾干燥器	
9	出风温度测量仪	
10	旋风分离器	
11	原料罐	
12	原料泵进口阀	
13	原料泵	
14	原料泵出口阀	
15	流量计	

续表

序号	设备名称	在本流程中设备的具体作用描述
16	空气压缩机	
17	安全阀	
18	减压阀	
19	流量计	

2.识别流程中仪表及阀门的作用,填写下表。

设备类型	在本流程中设备的具体作用描述
涡轮流量计	
温度测量仪	
压力测量仪	
截止阀	
球阀	
安全阀	
减压阀	

3.识别工艺管线,画出空气和物料流程。

(1)空气流程:

(2)物料流程:

4.数据记录和处理。

任务评价与总结

一、任务过程评价

任务过程评价表

任务名称：操作喷雾干燥实训装置 任务实施时间：4～6课时			任务评价			
序号	工作步骤	工作要点及技术要求	评价标准	配分	结论	得分
1	入场准备	穿戴劳保用品	不符合要求扣1～2分	2		
		工具、材料、记录准备	选择正确与否扣1～2分	2		
2	熟悉流程和操作内容	熟悉现场喷雾干燥流程	描述正确与否扣1～5分，扣完为止	5		
		熟悉设备仪表阀门的作用	错误一个扣1分，扣完为止	5		
		熟悉干燥操作的具体要求	描述正确与否扣1～5分	5		
		熟悉系统温度、压力、流量及液位控制的具体指标	错误一个指标扣1分，扣完为止	3		
3	开车准备	正确检查装置的供电、供气、仪表、设备及阀门是否处于正常状态	错误一项扣1分，未检查一个扣2分，未准备物料扣2分；不正确扣1分，扣完为止；严重违规停止作业	12		
		检查和清除干燥装置和传动系统附近的障碍物，查看各安全保护装置是否齐全牢固				
		检查快速水分检测仪是否灵敏，开启待用检查电子天平是否灵敏，开启待用				
		准备物料				
4	正常开车	打开鼓风机电源开关，调节进风量在规定值90%左右	操作错误或漏操作扣5分；顺序错误扣5分；严重违规停止作业	15		
		打开加热器电源开关，调节热风温度到规定值				
		打开空气压缩机电源开关，调节空气流量表				
		当进风温度接近设定值时，开蠕动泵进料				
5	正常运行	在正常干燥过程中，注意观察各点的温度，空气的流量是否稳定，巡回检查，发现问题及时处理	未检查每项一次扣5分；未调节每次扣3分，扣完为止，严重违规停止作业	10		
6	停车	关闭蠕动泵	操作错误或漏操作扣5分，顺序错误扣5分；未清理现场或清理不合格扣1～5分，扣完为止	14		
		将空气流量计底部减压阀关闭，关闭空气压缩机				
		关闭电加热器				
		等进风温度降到室温时，关闭鼓风机				
		切断总电源，清理现场				

续表

任务名称：操作喷雾干燥实训装置 任务实施时间：4～6课时			任务评价			
序号	工作步骤	工作要点及技术要求	评价标准	配分	结论	得分
7	使用工具、量具、器具	正确选择、规范安全使用工具、量具、器具	正确使用与否适当扣1～3分	3		
		安全、文明使用各种工具，摆放整齐，用完整理归位	各种工具凌乱摆放、不整理、不归位扣2分	2		
8	数据记录和整理	及时准确记录过程数据	错误或漏记一次扣2分；伪造数据扣8分	8		
		按照正确方法处理结果	根据数据处理正确与否扣1～4分，扣完为止	4		
9	安全与清洁生产	遵守国家法规或企业相关安全规范，安全使用水、电、气，高空作业不伤人、不伤己等安全防范意识、行为；无"跑、冒、滴、漏"或物料浪费等现象	违规一次扣5分，严重违规停止操作	5		
		按时完成工作任务，提高生产效率，水、电及原料消耗合理，产品质量好	根据生产时间，物料、水、电、汽消耗及产品质量综合评价	5		
		合计		100		

任课老师：　　　　年　月　日

二、自我评估与总结

试结合自身任务完成的情况，通过交流讨论等方式学习全面规范地填写本次任务的工作总结。

_____
_____
_____
_____

三、小组评估与总结

_____
_____
_____
_____
_____

参考文献

［1］尹德胜，储则中.化工生产单元操作.3版.北京：化学工业出版社，2024.
［2］谢鹏波.压缩机维护检修技术.长春：吉林大学出版社，2015.
［3］刘兵，陈效毅.化工单元操作技术.北京：化学工业出版社，2014.
［4］陶贤平.化工单元操作实训.北京：化学工业出版社，2007.
［5］张有力.零件的普通车床加工工作页.北京：北京邮电大学出版社，2014.